正大法学文库

我国碳排放权初始分配制度研究

How to Distribute Carbon Allowance in China?

姜晓川◎著

中国政法大学出版社

2018 · 北京

本书由

江西师范大学省卓越法律人才教育培养基地建设经费

资助出版

总 序

在党的十八届四中全会精神指引下，江西师范大学把加快法学专业发展列入了发展战略规划。2015 年 10 月，学校决定，组建以法学专业为主体的新政法学院。此前，政法学院也通过了一项卓越法律人才基地建设经费资助科研计划。恰逢此时，中国政法大学出版社又向我们伸出了热情的双手，愿意对我们倾力相助。缘此种种天时地利人和，新政法学院决定，利用江西省普通高校卓越法律人才培养基地建设经费，组织出版正大法学文库，尝试以此进一步激活教师们的学术细胞和科研情愫，提高科研热情，营造学术氛围。同时，也可以集中展示法学专业教师的最新研究成果，助力学科建设。

之所以定名“正大法学文库”，既取江西师范大学前身中正大学之简称，又采法律“大公至正”之精神，可谓前承历史，彰显法意。

江西师范大学源于 1940 年创办的国立中正大学。那时的法学专业在国内声名远播、群英荟萃。新中国成立后，学校更名为南昌大学。20 世纪 50 年代院系调整，法学专业整建制调出。学校也只剩下师范部，遂更名为江西师范学院。此后，又几经周折，几经迁址。

现在的法学专业，始于 1993 年的经济法专科，1996 年开始招收本科生。2003 年，获批“宪法学与行政法学”硕士点。2004 年 6 月，法学专业遴选为江西省品牌专业。2007 年，获批法律硕士专业学位授权。2013 年，获批江西省普通高校卓越法律人才教育培养基地。这一时期，学院也从政教系发展到政法系、政法学院，再到新政法学院。

对法学专业而言，过去那段历史虽已尘封，现在的法学专业办学和师资与那时的法学专业也几乎没有承继关系，但那毕竟是我们的真实历史，不妨存入我们的记忆，化作我们的憧憬。

过去的辉煌给我们以信心！前辈的成就激励我们去追随！今天的我们任重而道远！我们必须坚定地走在由理想与现实共同铺就的发展之路上，头顶蓝天，脚踩大地，牵引专业奔向未来！

出版正大法学文库在我们法学专业办学史上是第一次，但肯定不会是最后一次。

对于文库，我们秉持开放态度。第一批选题，绝大部分来自现在学院的青年教师博士论文。我们的想法是，在已有经费渠道和资助标准基础上，先做起来。日后逐渐扩大资源渠道，开拓研究选题，坚持持久连续。待具备一定影响之后，再考虑面向校内外专家学者征集选题，把文库做成我们的品牌，期盼赢得学界的赞许！

愿正大法学文库未来辉煌！愿我们的法学专业越办越好！

聂剑

2016 年 7 月 6 日于瑶湖之畔

前 言

碳排放权分配是建立排放权交易制度的基础，是交易制度顺利施行的关键。本书共由五部分组成。第一部分包括导论和第一章，指明了本书的研究对象，并对相关文献进行了综述。第二部分即第二章，阐述了碳排放权初始分配的理论基础。第三部分包括第三、四章，总结了碳排放权分配制度的形成过程、内容框架，并对其中的重点内容——分配方式进行了分析。第四部分即第五章，指出了碳排放权初始分配之后将带来的影响，分析了对我国各主要产业的竞争力将带来的冲击。第五部分即第六章，提出了对我国碳排放权分配方案的基本构想。

第一部分是碳排放权初始分配与相关文献综述。碳排放权初始分配是碳排放权交易的起点，也是关系到温室气体控制目标能否达成、碳交易制度能否有效运转、环境效益与经济发展能否协调一致发展的关键步骤。为了更好地了解现有的研究成果，本书对关于碳排放权交易、初始分配、分配与产业竞争力的关系三方面的文献进行了梳理，发现现有的研究主要集中在对欧盟、美国等发达国家和地区既有经验的分析上，缺乏结合本国能源消耗特点与产业发展特点的分析。

第二部分是阐述碳排放权初始分配的理论基础。尽管目前存在针对碳排放权的各种顾虑，但笔者认为它们都不能抹杀碳排放权分配乃至交易的必要性和可行性。没有污染的世界是不存在的，碳排放权为污染的行为划定了边界。合理的分配制度能够保证权利被公平、有效地分配；碳排放权无论从法理、国际法还是国内法上都能找到相应的依据；经济学的现有成果也充分讨论了碳排放权初始分配的若干可行方案。这些研究成果都能支持和帮助我国早日规划出符合我国特色的碳排放权分配制度。

第三部分是论述碳排放权初始分配制度的现实形态和实施重点。碳排放权初始分配制度经历了从自愿性到强制性的发展历程，包括了分配总量、基本原则、参与主体、分配方式、条件和程序等内容。初始分配方式的选择是碳排放权分配的重点，包括免费分配和拍卖两种主要方式。每种分配方式都有各自适合的情境，在适用时可以结合不同行业的特点进行多样化的组合。

第四部分是分析碳排放权初始分配制度对产业竞争力的影响。该制度的影响包括环境、经济等多方面，本研究主要集中于产业竞争力方面来进行讨论。碳排放权交易制度会增加企业的碳成本，对能源强度高、外贸依存度高的行业造成较大的冲击。本研究在数据分析的基础上，指出了我国将面临较高风险的行业，并选取了其中的电力行业、金属冶炼及加工业、纸及纸制品业以及化工行业进行了竞争力的评价。

第五部分是关于我国碳排放权初始分配的制度构想。研究指出碳排放权的初始分配应遵循环境有效、经济效率和保护竞争力的原则，提出我国碳排放配额的分配应该遵循以免费分配为主、少量进行拍卖试点的观点，建议先将电力部门、非金属矿物制品业、金属冶炼及压延加工业、纸及纸制品业纳入试点范围，对新设厂商进行免费分配并且保留停业厂商的排放权，同时从法律、技术、组织和国际环境等方面为碳排放权分配制度的顺利实施提供配套的保障。

姜晓川

2017 年 12 月于江西南昌

目录 | contents

导 论

一、研究背景

要控制全球变暖，保持经济可持续发展，关键在于减少二氧化碳的排放量。研究发现，大气中二氧化碳的含量与全球气候有着密切的联系。据推测，温室效应加剧，70%以上是由于人类活动造成大气中二氧化碳含量的增加——在工业革命后的几个世纪中，人们通过燃烧化石燃料，向大气中排放了1600亿吨二氧化碳，占现有总量的35%。环境问题所带来的恶劣影响不仅仅限于自然环境本身，同时还会降低经济的活力和可持续发展的能力。为了避免气候变化的最坏影响，各国政府必须立即采取有效的减排行动，否则气候变化将对经济增长和社会发展造成严重影响，其损失和风险将相当于每年全球GDP的5%～20%，而且将一直延续。如果立即行动，将大气中温室气体浓度稳定在500～550二氧化碳当量，成本将可以被控制在每年全球GDP的1%左右。[1]

实现碳减排要充分运用市场机制，排放权交易制度被认为是最具吸引力的碳减排治理方式。大多数发展中国家的空气质量在持续

〔1〕 N. S., *The Economics of Climate Change: The Stern Review*, Cambridge University Press, 2006.

恶化，与不利健康的污染物接触的人非常多。因为这些国家的主要目标在于努力为国民提供足够的就业和收入，没有能力花费大量的钱财在环境保护和能源政策上。各国政府必须找到一些成本更低且更有效的改善空气质量的方法，其中之一就是排放权交易制度。[1]传统的以“命令控制”方式为主的行政手段所需的成本比必需的成本高出31%。[2]通过对传统命令控制式的管制方式的变革，市场机制能够实现在环境资源最低消耗的情况下获得最大的经济效果。在排污税、排污限额和排污权交易三种市场规制制度中，排污权交易被认为是纠正污染外部效应的一种较好方式。[3]从政策的制定和管制者的角度来看，若采用排放权交易的方式，管制者对排放量有直接的控制权；若采用税收或排污费的方式，管制者必须确立一种税或费，如果税或费太低，污染将超出期望的水平。换句话说，管制者在运用碳税进行管制时必须不断调整税额来确保达到环境标准。在经济增长和通货膨胀时期，这种区别显得非常关键，因为适宜某一时期的税额随着经济的增长和价格指数的上升将不再合适。为了与通货膨胀相协调，管制者必须提高税额和排放费。排放权交易制度能够在不增加污染的同时自动调节经济增长和通货膨胀的水平，这点尤为受到政府规制者的青睐。

国务院《“十三五”控制温室气体排放工作方案》明确到2020

[1] Tietenberg T.，“Tradable Permits and the Control of Air Pollution-Lessons from the United States”，*ZAU Zeitschrift für Angewandte Umweltforschung*，*Sonderheft*，1998，9：1998.

[2] Robert W. Hahn，Roger G. Noll，*Designing a Market for Tradeable Permits*，Cambridge Press，1982.

[3] R. P. C.，“Externalities and Corrective Policies in Experimental Markets”，*The Economic Journal*，1983：106～127.

年，我国单位国内生产总值二氧化碳排放要比2015年下降18%，要有效地控制排放总量。而碳排放权分配是其中最核心的问题，涉及利益的分配，与我国产业竞争力密切相关。虽然欧美等国已经有了一段时期的实践经验，但是它们在分配方式、基准年选定、新设厂商和停业者的处理等具体做法上都存在差异，至今也都还在不断完善。同时，我国碳交易制度的引进还需要慎重考虑本国国情，结合自身的能源消费结构、产业发展状况做出调整。

二、研究目的

尽管充满着争议，全球碳交易市场仍然在迅猛发展着。继欧盟碳交易市场成功运作之后，美国、日本、新西兰、澳大利亚等国都已经或准备将碳交易制度在本国境内开始实施。据《全球新能源报告（2014年）》报道，2013年全球碳交易总量104.2亿吨，交易总额约为549.8亿美元。欧盟在碳交易制度的构建中一直扮演着领导者的角色，并且为了服务于整体经济的发展不断地对其配额分配制度进行着调整和创新。在美国，芝加哥气候交易所、区域性温室气体计划均取得了不错的进展。总体来看，全球主要的温室气体交易体系及各自特点如表0-1所示：

表0-1 全球主要的温室气体交易体系

体系名称	地理范围	涵盖部门	实施时间	初始分配方式
欧盟碳排放权交易机制	27个欧盟成员国加上冰岛、利希滕斯坦和挪威	电力、大型工业和航空业	2005~2020年	从免费逐步过渡到拍卖

续表

体系名称	地理范围	涵盖部门	实施时间	初始分配方式
区域性温室气体计划	美国九个东北州	电力行业	2009～2020年	几乎全面拍卖
加州－魁北克交易计划	美国加州和加拿大的魁北克省	电力行业、固定源和燃料	2013～2020年	从免费开始，逐步加重拍卖比例

资料来源："Celebrating the Year of the Carbon", California Public Utilities Commission,2016.

值得注意的是，碳市场的发展对发展中国家既意味着机遇，也存在着挑战。中国和印度是最大的清洁发展机制卖家，但是近几年通过的合格CDM项目认证越来越少，西方国家开始显示出对来自发展中国家CDM项目的不信任。同时，欧盟和美国都开始关注碳排放交易制度对本国竞争力可能造成的负面影响，并且开始调整自身的碳排放权分配政策、采取措施进一步加大对进口产品的限制，以期达到环境效益和本国竞争力发展双赢的目的。

目前我国虽然不是《京都议定书》所要求的强制减排国家，但是为了体现大国负责任的态度，为了经济的可持续发展，为了在全球碳市场中占据一席之地，为了减少在新的一轮"以碳为名"的贸易竞争中所受到的限制，我国确立了在已有的排污权交易的试点基础上，逐步建立全国性的碳排放交易市场的目标。"规划"同时还提出我们要把积极应对气候变化作为经济社会发展的重大战略，作为加快转变经济发展方式、调整经济结构和推进新的产业革命的重大机遇。可见，国家也对温室气体减排和经济发展的良性互动关系已有了充分的认识。在此情景下，及早开始我国的碳排放权交易制度试点，探讨合理的碳排放权分配办法，可以获得宝贵的前期经验，对于预防在国际市场对本国产业竞争力的冲击也能发挥一定的作用。

碳排放权的分配对于排放交易制度的成败具有决定性的影响，是我国碳交易制度构建中的核心基础问题。要建立碳排放权分配制度，必须排除掉现有的各种顾虑，将其建立在严谨的学理基础之上，方能获得公众的认可；必须掌握和比较国际排放交易制度的设计和实施经验，收集充分的资讯供我国的制度设计作参考；必须分清楚碳交易制度实施可能会对经济造成的直接和间接的影响，评估不同的分配方式对产业竞争力的影响效果；了解我国受到影响的各产业的竞争力现状和基于碳成本的增加可能出现的情况，并为此做好充分的准备。只有这样才能在保证经济可持续发展目标的同时设计出符合我国国情、在未来能与国际接轨的排放权分配制度。

基于此，笔者的研究目的如下：

（1）围绕目前影响我国碳排放权分配制度建立的各种顾虑，通过介绍碳排放权分配的相关理论知识，明确碳权分配的合法性、合理性和可行性；

（2）介绍国际碳排放权分配制度的内涵与执行经验，作为我国碳排放权分配设计的参考依据；

（3）了解目前主要碳排放权分配方式的适用范围和优缺点；

（4）掌握评价排放权分配方式对产业经济所造成影响的研究方法；

（5）利用上述研究方法，预测我国引入碳排放权分配制度之后可能影响的主要行业，并对它们的国际竞争力水平进行简单分析；

（6）提出兼具客观与可行性的分配方案与政策建议，作为政府政策设计的参考。

三、研究内容及框架

本书共由导论和六章组成，导论部分介绍了本研究的背景、意义、内容及研究方法，指出了研究的创新点和不足；第一章在引入碳排放权初始分配概念的基础上，对相关的文献进行了综述；第二章针对目前存在的关于碳排放权分配存在的各类顾虑，举出了初始分配的理论基础；第三章在回顾初始分配制度发展历程的基础上，总结了碳排放权初始分配制度的内容框架；第四章针对排放权初始分配中的重点内容——分配方式进行详细的讨论，比较了免费分配法和拍卖分配法的实施细节，指出了各种分配方式在适用时需要注意的方面；第五章分析了碳排放权初始分配制度的影响，并且在数据分析的基础上指出了我国将受到碳分配影响的高风险行业；第六章提出了对我国碳排放权分配方案的基本构想。

需要指出的是，本书的研究是建立在我国碳排放权交易制度选择全国范围的总量—交易的假设之上，并没有涉及碳排放权在不同主权国家之间的分配，也没有探讨碳排放权在我国不同区域间的分配，而将研究重点聚焦于当前我国要建立全国性的碳交易体系的情况下，碳排放权应该如何分配的问题，结合对受影响产业部门竞争力情况的分析，提出可供选择的我国碳排放权初始分配方案。

四、研究方法

本书的研究方法可归纳为：

（1）跨学科的研究方法。碳排放权分配制度的研究涉及经济学、法学和管理学中各种方法的综合运用。首先，碳排放权交易制度是利用市场机制来实现温室气体减排目的的有效手段，是运用经济方法达到环境保护目标的一项有益创新，对其分配制度的有效性必须做出可靠的经济学分析；其次，碳交易市场是基于政策法规而存在的人为创设的市场，碳排放权是基于国际法而产生的针对温室气体的环境容量资源的限量使用权，碳排放权分配制度的构建必须依靠相应的法律理论作为支撑，同时还要注意各国环境、经济和贸易政策变动所带来的影响；再次，碳排放权交易制度还会对实体经济造成影响。那么，哪些具体的产业会受到影响？这些产业的国际竞争力又如何？此外，对于那些受影响的产业应该采用怎样的应对策略还涉及管理学的知识。

（2）案例分析方法。碳排放权的分配制度在实践中已经有了一定的经验，欧盟建立起了全球第一个强制性的碳排放限额—交易制度，美国和其他国家也开始了自愿或强制的区域试点。它们的经济体内部、国内是采用哪种分配方式的？分配条件是怎样的？新设厂和停业厂商是如何处理的？政府有无保留量？这和它们各自的产业结构是否相关？本书将这些国家的经验当作具体的案例来介绍，并对它们的做法进行比较，总结出可资借鉴的经验。

（3）数据分析方法。碳排放权交易制度会增加碳成本，对交易体系内的高能耗产业造成一定的负面影响。合理的碳排放权分配制度可以适当化解各产业将面临的风险，减少对竞争力的冲击。那么碳交易制度是如何对产业竞争力造成影响的？具体的评价指标是什么？我国哪些具体的产业会受到冲击？它们是否做好了准备，有足够的竞争力来应对挑战？本研究将按照国际上通用的方法，采用贸易密集度和能源密集度等指标，运用 SPSS 等统计软件对产业数据进行分析，在此基础上界定出我国可能受到冲击的产业，并评估它们的国际竞争力水平。

五、创新与不足

本研究的创新之处主要在于：

（1）针对我国思想界普遍存在的“碳阴谋论”，指明了碳排放权是一项符合生态伦理、具备法律依据、旨在实现经济效率的新型权利。

（2）指出了碳排放权初始分配方式并不存在绝对的优劣，在不同情景下有各自适用的范围，可以通过制度设计扬长避短。免费分配方式是制度实施初期广为采用的方式，能够提高企业的接受度，但是对电力行业存在过度补贴的嫌疑；拍卖被认为是最有效率的分配方式，但是可能由于造成国内企业生产成本提高而对国际竞争力造成冲击，受到企业的抵制。

（3）通过检验我国各产业外贸密集度和能源密集度之间的关系，发现它们之间存在显著负相关的结果，这意味着碳管制政策未必会对我国的出口贸易造成太大的冲击，甚至还具有促进我国产业升级、提高企业国际竞争力的效果。

（4）结合实践经验和分析数据，提出了符合我国产业发展特点的构建碳排放权初始分配制度的建议。

本书也存在若干不足，主要表现在：

（1）由于数据来源的限制，对于行业能源、贸易密集度的分析主要集中在 2007 年，具有一定的滞后性。

（2）本书限于篇幅，将研究的主要精力集中于碳排放权分配方式及其对产业经济的影响方面，而对于分配条件、分配程序等分配的其他问题涉及较少。

第一章　碳排放权初始分配与有关文献

一、碳交易与排放权初始分配

（一）碳排放权交易制度概况

碳排放权交易思想的根源可以追溯到诺贝尔奖获得者、经济学家 Ronald Coase（1960）那里，他认为在某些条件下，经济的外部性或非效率可以通过当事人的谈判而得到纠正，从而达到社会效益最大化。他同时提出，如果外部性的制造者和受害者之间不存在交易成本，那么只要产权能够得到清晰的界定（无论分配给谁），市场的均衡结果都将是有效率的，都能实现帕累托最优。遵循这种思路，加拿大经济学家戴尔斯提出了排放权交易的思想。[1]19 世纪 70 年代初蒙哥马利（Montgomery）利用数理经济学的方法，建立不同的许可权市场均衡，并严谨地证明了排放权交易体系具有污染控制的效率成本，即以最低成本实现控制污染的目标。据此，包括碳排放在内的各类排污权交易市场在世界范围内开始得到广泛的运用。

通过运用市场手段，碳排放权交易制度能够以较小的成本实现较大的环境收益已是学者的共识。市场化手段相对行政管制手段更

---

〔1〕 Dales J. H.，“Land，Water and Ownership”，*The Canadian Journal Economics*，1968：791～804.

为优越，在静态的成本效率对比、促进污染控制技术创新和扩散的动态激励、减少政治阻力、调动经济主体积极性等方面更胜一筹（Tietenberg，1985；Hahn & Hester，1989；Sterner，2002）。碳排放权交易制度相比其他市场手段也具有比较优势。在市场竞争充分的前提下，排污税、排污限额和排放权交易三种制度中，排放权交易被认为纠正污染外部效应的效果最佳（Plott，1983）。现在世界范围内碳排放权交易已经积累了一定的经验，依据地域和性质上的不同可以作出两种基本划分：

1. 依交易所涉及地域的不同存在国际、国内两个市场

作为一种自然资源，温室气体的环境容量具有整体性和地区差异性。环境容量具有的整体性、地球环境一体化的存在是世界范围内构建统一的排放权交易市场的物质基础；环境容量具有的差异性，使我们看到了在不同区域之间在观念上实现环境容量资源市场化配置的潜力和可能性。不同区域劳动生产率的差距和经济活动耗费环境成本的差异成为在世界范围内构建统一的排污权交易市场的现实动因。

作为新兴的市场，国际碳交易市场近年来迅猛发展。1997 年《联合国气候变化框架公约京都议定书》创设的灵活履约机制标志着碳排放权的全球交易被纳入法制化轨道。按照交易原理划分，国际碳交易市场可以分为基于配额的市场和基于项目的市场。基于配额的市场的原理为限量—交易，即由管理者制定总的排放配额，并在参与者间进行分配，参与者根据自身的需要来进行排放配额的买卖。《京都议定书》设定的 IET、EU ETS 和一些自愿交易机制均属于这类市场。基于项目的排放权市场的原理为基准—交易。在这类

交易下，低于基准排放水平的项目或碳吸收项目，在经过认证后可获得减排单位（如《京都议定书》的 ERUs 和 CERs）。受排放配额限制的国家或企业，可以通过购买这种减排单位来调整其所面临的排放约束，这类交易主要涉及具体项目的开发，因而得名。图 1.1 为碳排放权交易国际市场的主要构成：

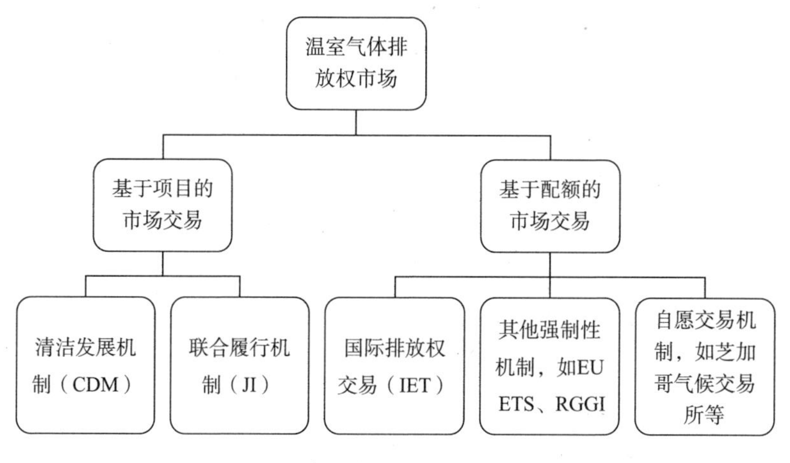

图 1.1 碳排放权交易国际市场体系

国际碳交易市场从创立至今，尽管遭遇始于 2008 年的全球经济危机，但是交易额仍然在不断扩大。从交易类型来看，基于项目的排放权交易占到了全球交易的大部分。从交易实体来看，欧盟是全球交易中市值最大的市场。据世界银行出版的《碳市场现状与趋势》报告显示，在 2009 年全球碳交易 1228 亿美元的总额当中，欧盟排放权交易占 1184.74 亿美元，占比高达 96%。[1] 而其他国际上

〔1〕 Alexandre Kossoy，Philippe Ambrosi，“State and Trends of the Carbon Market 2010”，*Westland Printers*，2010.

比较知名的环境交易所则包括芝加哥气候交易所、欧洲气候交易所、亚洲气候交易所等。

表 1.1 全球碳排放权市场交易情况一览表（2007～2009 年）

	2007 年		2008 年		2009 年	
	容量（公吨）	金额（亿美元）	容量（公吨）	金额（亿美元）	容量（公吨）	金额（亿美元）
欧盟	2060	490.65	3093	1005.26	6326	1184.74
芝加哥气候交易所（美国）	23	0.72	69	3.09	41	0.5
总量	2108	493.61	3278	1014.92	7362	1228.22

资料来源：世界银行。

国内碳排放权交易市场是以主权国家所辖的地域为界构建的排放权交易市场。美国是该实施国内碳交易计划的先行者。2003 年 4 月，由美国纽约州前州长乔治·帕塔基（George Pataki）开创了“区域温室气体减排行动”（RGGI，Regional Greenhouse Gas Initiative）。该项目是美国第一个强制性的、基于市场的旨在减少温室气体排放的区域性项目。其针对美国东北部与大西洋西部的 10 个州内的发电部门实施，2009 年的交易量是 805 公吨的 CO_2 排放量，总金额 2.79 亿美元。除美国外，日本、新西兰、澳大利亚也公布了本国的碳交易计划。在全国性的碳交易市场建立之前，我国北京、天津、上海、重庆、湖北、广东、深圳等七省市已作为试点开展碳交易工作。

2. 依交易性质的不同存在一级市场、二级市场两个层次

比照证券发行的相关称谓，可以对将碳排放权交易市场划分为

一级市场和二级市场。这里所谓的一级市场，即本书讨论的主要对象——碳排放权的初始分配市场，是指政府以排污许可证的形式对经济个体规定容量资源的使用权。获得许可证的企业意味着拥有了相应的使用环境容量资源的权利，即容量资源产权的初始配置。由于这一权利能够在市场上交易并且具有价值，因此权利的所有者就相当于获得了相应数量的财富。[1]值得注意的是，排放权的一级市场并非是完备的市场形态，行政行为和市场行为在其中并存。政府按照一定的标准和原则将环境容量以有偿或无偿的方式分配给排污主体的行为是典型的行政行为。在行政分配环境容量的前提下，排污主体之间的交易在二级市场上进行[2]。

与一级市场不同，二级市场是一个真正完备的自由交易市场。在这个市场中，各市场主体都处于平等的法律地位，而他们参与市场活动的目的，则是出售或购买作为交易标的的排污权。[3]这里需要指出的是，本书研究的主要对象是以初始分配为内容的一级市场，而该市场的制度设计方式会对二级市场的效率产生重大影响。

（二）碳排放权的初始分配

1. 碳排放权的概念及性质

碳排放权是基于国际法而产生，在大气环境容量理论的基础上建立起来的概念。从本质上讲，碳排放权是针对温室气体的环境容

---

〔1〕 曾刚、万志宏："碳排放权交易：理论及应用研究综述"，载《金融评论》2010年第4期。

〔2〕 傅强、李涛："我国建立碳排放权交易市场的国际借鉴及路径选择"，载《中国科技论坛》2010年第9期。

〔3〕 Hahn R. W., "Market Power and Transferable Property Rights", *The Quarterly Journal of Economics*, 1984, 99 (4): 753.

量资源的限量使用权，也被称为碳排放权、碳权。为了解决全球气候变化问题，《联合国气候变化框架公约》第2条提出了大气环境容量的概念："根据公约的各项有关规定，将大气中温室气体的浓度稳定在防止气候系统受到危险的人为干扰的水平上。这一水平应当在足以使生态系统能够自然地适应气候变化、确保粮食生产免受威胁并使经济发展能够可持续地进行的时间范围内实现。"在此基础上，《京都议定书》确立了温室气体排放权，即碳排放权。该议定书第3条第1款规定："附件一所列缔约方应个别地或共同地确保其在附件A中所列温室气体的人为二氧化碳当量排放总量不超过按照附件B中所载其量化的限制和减少排放的承诺和根据本条规定的所计算的其分配数量，以使其在2008~2012年承诺期内将这些气体的全部排放量从1990年的水平至少减少5%。"《京都议定书》制定了三种灵活履约机制：①联合履行（JI，Joint Implementation）；②清洁发展机制（CDM，Clean Development Mechanism）；③碳排放权交易机制（IET，International Emission Trade）。前两种机制主要通过实施项目来实现，即高减排成本的发达国家提供资金和先进技术，在低减排成本的发展中国家或地区实施减排项目，来抵消其所承担的减排义务。而碳排放权交易机制则是基于碳排放权的直接贸易而产生，交易量来自《京都议定书》授予的碳排放权，主要适用于发达国家。承担减排义务的国家或企业，在温室气体市场上向其他国家或企业通过出售或购买碳排放权来实现自身的减排承诺。[1]

除了在国际法上的规定之外，各国也纷纷立法对排放权交易作

---

〔1〕 白洋："论我国碳排放权交易机制的法律构建"，载《河南师范大学学报（哲学社会科学版）》2010年第1期。

出规定。欧盟的《温室气体排放交易指令》、英国的《气候变化法案》、美国的《清洁能源安全法案》都引入了温室气体排放权交易机制。按照获取形式的不同，碳排放权交易分为基于配额的交易和基于项目的交易两类。在以配额为主的碳交易市场上，欧盟的碳交易体系占据主要地位。欧盟的交易体系是由欧盟委员会制定的排放权交易方案，只在内部成员国之间进行交易，碳交易相关的政策和排放权的分配都比较好协商和控制，使得碳交易比较顺利，其总交易额占全球以配额为主的碳交易市场总额的2/3左右。基于项目的碳排放权交易，在我国又被称为清洁发展机制（CDM），与发展中国家比较贴近。目前CDM市场的供需双方都比较集中，从2002年到2010年上半年的数据来看，主要的CDM购买方为欧盟成员国，主要的CDM供给方为中国和印度。CDM机制应该是一个双赢的机制，对购买方而言，使发达国家达到其减排承诺；对供给方而言，给发展中国家带来减排投资和技术。但是，这个市场具有巨大的不确定性。[1]

根据《京都议定书》，碳排放权的交易主体既可以是国家也可以是私人，据此应该具有双重法律属性：当交易主体是私人时，其准物权属性得以凸显；当交易主体是国家时，其发展权属性就更为显著。[2]当然由于本研究主要聚焦于国内碳排放权的分配问题，所以主要关注的是排放权的“准物权”价值。

2. 碳排放权的初始分配涉及的议题

碳排放权初始分配是碳交易的起点，也是关系到温室气体控制目标能否达成、碳交易制度能否有效运转、环境效益与经济发展能否协

---

〔1〕 载 http://blog.sina.com.cn/s/blog_49e098620100nasm.html.

〔2〕 王明远：“论碳排放权的准物权和发展权属性”，载《中国法学》2010年第6期。

调一致发展的关键步骤。同时，碳排放权分配制度本身关系行业间利益的分配，涉及很广泛的内容，包括分配方式、分配条件、分配程序、排放权的撤销与移转等问题。[1]详细内容整理如表1.2表所示：

表1.2 排放权分配面临的主要议题

项目	议题内容
分配方式	免费分配 拍卖 混合（免费分配为主、拍卖为辅）
分配条件	基准年 分配的指标：排放量、产出、投入 既存与新设厂 先期行动鼓励
分配程序	分配机构、分配时间、分配对象
分配量的变更	开厂、关厂
其他	政府保留量、排放权期效等

资料来源：黄宗煌、李坚明（2001）。

碳排放权分配问题的重要性还在于其关系到交易制度各项目标的达成。碳排放权交易制度除了以降低温室气体减排量为主要的目标以外，还存在着经济效率、产业竞争力、社会接受度、确定性、交易成本和公平性等方面的诸多考量。各种不同的分配方式并不存在绝对的优劣，均有其适用的环境和范围。合理的分配设计能够兴利除弊，最大程度上达到减轻对产业经济负面影响、提升环境有效

〔1〕 王明远：“论碳排放权的准物权和发展权属性”，载《中国法学》2010年第6期。

性和经济效率的效果，具体如表 1.3 所示：

表 1.3 不同排放权分配方式的比较

评价标准	溯往原则	标杆原则		拍卖原则
		绝对	相对	
经济效率	+	+ +	—	+ + +
环境有效性	+ +	+ +	—	+ +
产业竞争力	+	+	+ +	—
社会可接受度	+ +	+ +	—	—
确定性	+	+	+	+
透明度	+	+	—	+ +
简单性	+	——	—	+ +
交易成本	—	——	—	+ +
公平性	—	+	+ +	+ +
综合评比	可行	不佳	不佳	优

资料来源：Sijm et al. （2007）.

注 1：评价指标从『——』、『—』到『 + 』、『 + + 』、『 + + + 』不断趋优；

注 2：综合评比为本研究整理。

二、文献回顾与评述

（一）关于碳排放权交易的研究

1. 排放权交易思想的渊源

碳排放权交易思想的根源可以追溯到诺贝尔奖获得者、经济学家 Ronald Coase （1960） 那里，他认为在某些条件下，经济的外部性或非效率可以通过当事人的谈判而得到纠正，从而达到社会效益最大化。他同时提出，如果外部性的制造者和受害者之间不存在交易成本，那么只要产权能够得到清晰的界定（无论分配给谁），市场的均衡结果都将是有效率的，都能实现帕累托最优。遵循这种思路，加拿大经济学家戴尔斯（J. H. Dales）提出了排放权交易的思想。19 世纪 70 年代初蒙哥马利（Montgomery）利用数理经济学的方法，建立不同的许可权市场均衡，并严谨地证明了排放权交易体系具有污染控制的效率成本，即以最低成本实现控制污染的目标。据此，包括碳排放在内的各类排污权交易市场在世界范围内开始得到广泛的运用。

通过运用市场手段，碳排放权交易制度能够以较小的成本实现较大的环境收益。市场化手段相对行政管制手段更为优越，在静态的成本效率对比、促进污染控制技术创新和扩散的动态激励、减少政治阻力、调动经济主体积极性等方面更胜一筹。[1]反之，在环境问题特别严峻，环境损害的成本变化相当大或者污染者很少的条件下，命令控制手段则具有明显的针对性和成本节约性。De Soto（2000）指出，运用市场机制来解决环境问题所运用的原理是通过给资源的使用设立上限而使其成为一种具有稀缺性的产品。为排放权配额设定法律上财产权的属性，将使其能够合法流转并在市场上具备价值，产生交易价格。可交易财产权的价格表明了社会对资源的使用以及降低排放量所赋予的经济价值。更为重要的是，这些奖赏将被那些拥有资源的财产权同时能最有效地管理资源的人获得。法律所授予的对资源的财产权是排放权交易市场成功运作的基础。

---

〔1〕 李坚明、黄宗煌："内生化温室气体排放权分配法则之效率与公平性分析"，载《农业与资源经济》2008 年第 1 期。

这不仅能够避免"公地的悲剧"，还能在一定程度上促进环境的改善。传统的以法规和规章为主要方式的管制需要较高的执行成本，而市场化的治理手段则更加灵活。[1]"命令—控制"式的管制方式难以挖掘能够以最低成本控制污染的机会，对消除和降低污染的技术革新奖励不足。市场控制手段能够降低达到既定环境目标的成本，能够以同样的成本实现更大程度的污染物减排。总量控制下的排放权交易制度体现出不同污染源之间实现减排的成本是不同的。利用价格信号和利益激励，交易机制可以鼓励那些能够以最低成本实现减排的污染源充分利用这种优势，并实现总体上更大程度的减排。从政治经济学的角度上说，排放权交易机制意在通过降低减排的单位价格，增加公众愿意购买的减排量的数量。再加上信息透明化和责任机制，排放权交易机制将使得环境实现更大程度的改善，这成为该制度本身日益获得更大范围的接受和认可的主要原因之一。

碳排放权交易制度相比其他市场手段具有优势。在市场竞争充分的前提下，排污税、排污限额和排放权交易三种制度中，排放权交易被认为具有纠正污染外部效应的效果。有学者分析了在行业水平上污染治理的技术问题，他们通过计算总利润后得出的结论是：排放权拍卖为污染治理技术提供了最大的激励（Jung G.，Krutilla，Boyd R.，1996）。具体到当前碳减排工具的争论上，正如 Adly（2009）所说的，"当前理论界争论的重点已经不再在命令—控制型管制和市场管制方式的对比上，而是在两个主要的市场化工具，税收

[1] Robert W. Hahn，Roger G. Noll，*Designing a Market for Tradeable Permits*，Cambridge Press，1982.

和排放权交易上”。理论上讲，如果目标是福利最大化，那么税收比排放权交易占优，即使考虑到不确定性，例如对全球模拟分析表明，征收碳税的贴现福利值高于同等规模设计的许可权交易制度（Pizer，2003；Hoel & Karp，2002），Newell 和 Pizer（2003）指出，如果减排的成本冲击持续下去，那么税收的福利效果将不再那么明显，而 Karp 和 Zhang（2005）指出，限额排放权交易体系能够更好地应对这些冲击。Murray 等（2009）进一步指出，如果允许实施排放权的储存或出借，那么，限额交易体制的福利效果将优于碳税，因为企业能够充分考虑到未来的损害成本的不确定性并进行连续决策，而税收政策下企业只能进行离散的调整，在排放权交易下面关于损害的信息将立即反映在价格上，而在碳税或者复合交易体系下，价格的反应将是比较滞后且不充分的。芝加哥气候交易所创始人 Richard L. Sandor（2010）进而提出，建立碳排放权交易市场的若干重要原则，其中涉及市场基本制度安排的包括：明确定义可交易的排放权单位，建立市场监督机构及排放权登记清算机构，制定规范的交易文件，采用适当的会计原则、税收原则，加强各种交易平台的协调和共享等。

2. 排放权交易制度的具体设计

具体到碳排放权的制度设计，争论集中在几个关键问题上：①选择总量交易还是基线交易？这涉及两类不同交易方式的效率比较。Muller（1999）、Dewees（2001）和 Fischer（2001，2003）等研究了两种交易机制的效率，指出当企业的产出能力固定，短期内两类方案的均衡结果即排放量一致；如果采用相同的排放绩效标准，则基准交易下的总产出、总排放量和外部成本更高，如果采用更严格的排放绩效标准以达到同等的总量控制要求，那么基准交易体制将带来行业成本的大大提高。Buckley 运用模拟方法验证了短期效率的差别。Dewees（2001）对比了总量交易和基准减排两类交易机制的效果，从其对企业平均和边际成本的角度进行了比较，将电力制造商作为研究案例，指出总量交易机制更为有效率，而基准交易不能很好地对外部性进行补偿。②在总量交易机制下，初始排放权如何分配？是采用祖父式无偿分配（Grandfathering）还是进行拍卖，如果进行拍卖的话，采用哪种拍卖方式？这部分内容将在下文中探讨。③是否允许排放权的储蓄和出借转让？为了实现动态跨期决策，稳定价格，允许排放权的存储或者出借将大有帮助。Newell 等（2005）指出，当排放权价格上升时，企业可借出自己的排放权，而当价格下跌时可实施储存，如果 1∶1 的存储和出借是无限的和无成本的，那么预期的排放权价格将随着利率发生变动，这一体系将同按照固定的利率增加征收排放税类似；或者确定适当的跨期许可交易比例，那么排放权的价格路径将与边际减排损失的动态变化相一致（Kling & Rubin，1997）。事实上，美国的联邦二氧化硫和地区二氧化碳排放交易均允许企业储存其排放权，但考虑到违约风险而没有允许将排放权出借给其他企业。Fell 等（2008）在估计美国应对气候变化的提案中，认为实施排放权交易相对碳税节约的成本中有 1/4 ~ 1/2 来自于这一机制的设计。④激励手段和惩罚措施的设计。Malik（1990）认为，企业的违规行为降低了排放权交易市场的效率，仅在特定的条件下，市场效率才不会降低。某些企业的违规行为会影响排放权交易价格，进而影响其他企业的行为。因此，在设计排放权的交易机制时，必须考虑企业的违规行为。Keeler（1991）研究了排放权交易市场中企业的违规行为，并比较了当企业有违规行为时，排放权交易制度和排污标准的效率问题。当边际处罚（marginal penalties）快速加重或减轻时，企业会更多地污染环境；当边际处罚不变时，排放权交易政策更能提高市场的效率。Stranlund（1999）研究了排放权交易体系的外部监督和实施问题，并研究了管制者应如何分配资源来监督和处罚违规企业。为了减少排放权交易系统中企业的违规行为，管制者应该在各个不同的企业间合理地分配资源并增强监督力度。他的研究表明，企业的违规行为与内部特性无关，即当某个企业比其他企业多污染时，并不说明该企业的污染治理技术落后或生产工艺不合理。因此，管制者在实施监督时应注重企业的外部特征。⑤管制对象的选择。对于给定的减排计划而言，Goulder（2009）估计，对下游管制的成本比对上游管制略高20%，但下游排放源只占了欧洲和美国的排放量的一半左右。对于那些难以进行监控的终端排放，如家庭加热、交通运输排放、建筑物排放和小型工业锅炉等的排放，可以采用“中端”方式，即采用对小型排放源所消耗的能源征收碳税的方式。Burtraw等（2001）指出，对上游实施管制，应该考虑到运用税收或“信贷”方式鼓励下游采用节能和碳捕捉与封存技术，相应的税收返还（tax credit）或者排放权返还应该等同于减少或捕捉的碳量乘以碳的价格（这需要一个连续排放监控体系）；此外，Burtraw等（2001）指出，由于各国对电力企业普遍存在成本价格管制，免费配置排放权可能不会被转移为更高的价格，相比于容易进行价格转移上游管制方案，或者实施全部拍卖的下游方案，其节约电力的激励可能相对弱化，从而带来较大的成本效率损失。

国内学者刘伟平、戴永务（2004）分析了国际碳排放权交易的产生和意义，并就碳排放权交易中各国初始碳排放权的合理配置、碳排放权交易对中国经济的影响和对中国林业的影响等重要问题在我国的研究情况进行述评。后京都时代即第三个承诺期到来时，鉴于中国碳贸易不加约束造成国际产业转移而带来温室气体排放数量的快速增长，发达国家要求中国参与温室气体减排或限排承诺的压力将与日俱增。程南洋、杨红强、聂影（2006）认为环境保护通过影响成本对国际碳交易产生影响，对于经济的可持续发展是有效的。王宪明（2009）分析了我国建立碳排放权交易制度的可行性，认为条件已经具备，并提出了一系列建议。张健等（2009）应用可计算一般均衡模型（CGE）和 Cheng F. Lee 提出的计算模型研究碳排放权交易机制对中国各行业的综合影响，认为合理的碳交易机制可以在一定程度上缓解间接碳税对中国能源行业的影响，并且溯往原则作为碳排放权配额分配方式更符合中国的经济现状。白洋（2010）认为当前我国已经具备构建碳排放权交易制度的政策和市场基础，可以考虑以循序渐进的方式从管理机构设置、具体运行机制等法律层面来构建我国碳排放权交易制度。冷罗生（2010）从法律和政策的角度对我国“碳排放权交易”机制的设立目的、碳减排目标、交易的对象、交易的配额、机制运行时间、交易所的设置等问题进行了初步的设想。王明远（2010）指出碳排放权是在以《联合国气候变化框架公约》和《京都议定书》为核心的国际法律体系下产生的新型权利，该权利具有准物权属性和发展权属性，而这两方面属性的关系是辩证统一的。在有关碳排放权的国际法律实践中，特别是在碳排放权分配方面，正确认识和把握这两方面属性有利于维护各国特别是发展中国家在气候变化背景下的正当权益。傅强、李涛（2010）探讨了我国建立全国统一碳排放权交易市场的路径选择：基于总量控制的碳排放权初始分配方式、基于经济发展不均衡的区域性碳交易市场布局、基于市场经济不完善的碳交易市场机制选择、基于适度干预的政府监管与法律制度。王信、袁方（2011）认为我国初期可考虑在火电主要产区开展排放权交易试点，根据降低碳排放强度的目标，测算未来一定时期内的减排量，据此将排放权分给有关地区和火电厂；应探索通过排放权储存和预支条款，使微观主体能够自主调整排放权的跨期分配；设定排放权交易价格上下限，防止价格大起大落。

（二）关于碳排放权初始分配的研究

1. 对排污权初始分配的早期研究

早期研究主要指的是碳排放权交易制度尚未在全球范围内全面实施，理论尚处在对排污权初始分配进行研究的阶段。该阶段的研究主要集中在排放权初始分配与交易市场势力、交易成本与市场效率的关系问题上。Montgomery（1972）指出，总量一定条件下，排放权的最终配置与初始分配是互相独立的，政府无需知道各个污染源的成本函数，只需要根据环境容量确定排污总量，市场最终能实现均衡。然而，考虑到排放权市场的不完全竞争以及企业在产品市场的市场势力、排放权交易成本等因素，则排污交易的效率将受到初始排放权分配的影响。Hahn（1984）指出，当垄断企业初始分配量偏离排放权使用量时，市场就会产生无效性，因此对垄断企业排放权的初始分配会影响市场效率。除非具有市场支配力的工厂获得的初始排放权等于它在竞争环境中拥有的数量，否则其排污削减的总费用要超过最小化的费用。Malueg（1990）指出，当产品市场不是完全竞争的情况下，排放权的市场配置可能会导致社会财富的减少。Tietenberg（1991）认为，新排污企业的进入增加了对排放权的需求，从而促使排放权价格上升，因此新排污企业有可能更偏重于治理污染。在新排污企业没有获得补偿来源时，排放权交易就可能给卖方提供了一个不同寻常的成为市场垄断者的机会。当市场存在排放权价格被操纵时，管制者就要行使对财产的支配权，以适当的补偿来收购这些排放权，这样就可以鼓励新排污企业去争取排放权。Borenstein（1998）的研究表明，将由于生产市场的不完全竞争性造成的排污许可证分配给一些低效的市场参与者，阻碍了排放权的有效配置。Godby（2000）表明，企业的战略性操作降低了排放权交易市场的分配效率。当市场受到垄断企业的控制时，市场排放权交易制度的效率显著降低，最终的市场效率由排放权初始分配的大小和经济体系中的其他竞争条件决定。因此他认为，政府应该通过管制来减少垄断企业市场势力的影响。

排污权分配方式主要分为三类：免费分配、公开拍卖和标价出售，前两种方式最为常见。免费分配又分为两种类型：依据企业的外生标准分配和基于产量的内生标准分配。在上述三种分配方式中，国外研究者更倾向于采用拍卖方式。Lan Parry（1999）认为，如果拍卖所得用来削减以前存在的税收扭曲，则拍卖方式的费用有效性要大于其他分配方式。Milliman S. R.，Prince R.（1989）指出，外生标准分配削弱了被管制企业进行污染治理技术革新的积极性，因为技术革新将降低排污权的价值，从而降低排污权所有者所拥有的价值；而拍卖可以增加成本分配的弹性、提高企业进行污染治理技术革新的积极性。Cramton，Kerr（2002）认为，拍卖可以减少关于租金分配政治观点的差异并具有公平性，使得新兴企业在进入市场时不存在获取排污权的特殊障碍。Howe C. W.（1994）认为，在纯外生标准分配政策下，新进入市场的企业将分不到排污权，而不得不向老企业购买。在资产市场不完美或有利于老企业的市场势力存在的情况下，老企业将利用排污权阻挠新企业进入市场。Edwards，Hutton（2001）指出，在各国排污政策不同的情况下，外生标准分配还可能为外资企业带来额外收入。Kehoane et al.（1998）认为，大多数排污权交易计划中采用外生标准分配方式，这是政策在制定过程中被管制企业对其施加政治影响所带来的一个直接结果。因为外生标准分配方式对于大企业更有利。基于产量的分配方式既不会产生税收扭曲，也不会产生对新企业的歧视。同时它还可以制止某些企业利用区域排污政策的不同，重新部署厂址的投机行为。但它存在如下问题：首先，Carolyn Fischer（2001）指出“产量”的精确定义带来很多复杂问题，并使得效率低下；其次，Edwards，Hutton（2001）指出它将会使得更多潜在的“双重红利”现象成为现实；最后，Burtraw et al.（2001）分析认为基于产量的分配方式产生的成本较高，是拍卖法的两倍（Burtraw D.，Palmer K.，Bharvirkar R.，2001）。

为了更好地研究欧盟碳排放权分配对不同类型企业的影响，Daniel C. Matisoff（2010）根据生产能力和生产过程复杂性的高低程度不同将企业分为以下四类（表 1.4）：第一类是生产复杂性低、生产能力强的企业。该类企业以大型电力公司为代表。它们的生产仅仅负责将燃料转化为电能，生产流程并不复杂，而产量却很大。

它们倾向于将碳成本考虑进短期决策之中，并积极地参与京都议定书所倡导JI、CDM等国际碳交易。第二类是以中小型电力公司为代表的生产能力低、复杂性也较低的企业，它们对碳成本和交易漠不关心。在欧盟ETS的实施初期，它们的配额很充足，所以并没有改变惯常的生产方式的必要。可是在第三阶段，这些中小企业也将参与以拍卖为主要方式的配额分配。由于它们的能力有限，主要的业务局限于电力的零售，难以像大企业那样通过CDM项目来达到减排要求，所以它们更多地依赖于风能、生物能、天然气等新能源项目的开发。除此之外，中小型电力企业还将需要通过安装新的、更节能的设备，以及购买碳排放配额来满足强制减排的需要。第三类是以大型制造业企业为代表的生产能力强、复杂性高的企业，它们并未将碳因素作为长期决策中需要考虑的方面，它们也会参与碳交易，但是和传统的大型电力企业相比表现出以下不同：首先是它们对电力的需求仅限于自用，所以碳减排的灵活性并不大；其次是能源的成本是制造类企业作任何决定所考虑的首要因素，而碳减排所带来的成本节约仅仅是个点缀而已。由于生产环节的复杂性，节能也常常存在障碍，在一个环节节约了成本可能在另一个环节又要追加能源的消耗。这种复杂性使得优化生产流程变得困难。一位大型企业的生产商这样谈道："我并不想从碳排放权贸易中赚钱。我是个砖头生产者，只想专注于该产品的生产。"调查发现，在碳交易机制实施之后"一切照旧"的企业大有人在，特别是在那些没有设立专门的贸易办公室的企业。第四类是以小型工业生产厂商为代表的生产能力弱、复杂性高的企业，它们的心态和大型电力公司截然不同。对它们来说，碳减排和交易是个沉重的负担，学习和了解规则的成本是很高的，而碳减排的政策又不时处于变动之中。这类企业普遍认为碳交易机制是专为大企业所设计的，中小企业在其中无足轻重。

表 1.4　总量控制交易制度下的企业策略

	生产复杂性低	生产复杂性高
生产能力低	• 以中小型电力公司为代表 • 为执行政策而购买配额 • 投资风能和生物能	• 以小型生产企业为代表 • 为执行政策而购买配额
生产能力强	• 以大型电力公司为代表 • 积极参与 JI、CDM 等项目 • 为逐利而进行配额交易 • 转换燃料	• 以大型制造企业为代表 • 为执行政策而购买配额 • 能源投资 • 参与 JI、CDM 等项目

国内关于排放权初始分配的研究主要沿着欧美既定的思路进行。在研究工具方面，广泛采用了各种理论工具，如实验经济学方法、宏微观经济分析方法和决策分析方法等对排污权交易制度进行研究。张志耀、张海明（2001）在给出排污权分配的三个原则和相应的三种方案的基础上，提出了群体重心模型，应用群体决策方法以得出较为理想的分配方案。鲁炜、崔丽琴（2003）则认为我国应选择免费分配与公开拍卖相结合的分配模式。学者们普遍认为我国排污权交易制度还处于起步阶段，真正意义上的排污交易政策、规则和市场都没有正式形成，此时采取免费分配模式更具现实意义。李寿德、王家祺（2003）分析了免费分配条件下的排污权交易对市场结构的影响，认为在某些极端的情形下，免费分配条件下的交易可能使得潜在的进入者成为产品市场的垄断者。吴亚琼（2004）对

汉江流域的多控制区之间的排污权分配问题进行了实例研究。陈富良、万卫红、郭兰平（2009）认为排污权交易之所以至今未能在全国形成统一的环境政策，是以利益为核心的一系列因素及合约的不完全性所促成的。

2. 对碳排放权具体分配方式的研究

随着碳排放权交易制度在全球范围的逐步推进，关于排放权分配制度的具体研究逐渐深入。祖父法是溯往制分配的典型代表，以厂商的历史排放量为分配的指标，在各国碳排放权交易制度的初始阶段被广为采用。Dijkstra（1999）认为，由于运用溯往制原则进行分配属于定额支付，将提高被分配厂商的获利程度，因此该法可提高排放交易制度的政治接受度。Stavins（1997）认为，在政治力量与能源部门的游说之下，预测在短期内，欧盟各国仍将维持以溯往制为原则的免费分配制度。Woerdman（2000）担心可能缺乏足够的财务能力支持溯往制分配法的运作。Hepburn et al.（2006）指出，当政府免费分配碳排放权给各产业时，这些产业的劳动者、消费者与当地经济并未获得利益，因此有不公平的隐患。Cramton，Kerr（2002）基于英国排放交易制度的实施经验发现，政策设计期间的抗争会产生许多直接成本（如政府游说与公关活动），政府需要花费大量的时间去核定减排量、确定行业标杆，这些都将提高行政成本成为溯往制成功实施的障碍。此外，也存在某些产业基于对分配决策程序的公开性缺乏信心，同时考虑到政府可能利用拍卖收益来对产业进行补贴而倾向于采用拍卖法。Matthes and Neuhoff（2007）指出，若未来的分配与目前的行为相关，则厂商会扭曲目前的生产行为，以在未来获得更多免费排放权，从而减少对先期行动的激励，故长期持续采用免费分配方式会降低排放交易制度的效率。

免费分配法的主要研究对象经历了从历史排放量指标（以祖父法为典型代表）到产出指标（以标杆法为典型代表）的变化。Groenenberg，Blok（2002）提出了以生产技术标杆为基础的分配方式，标杆的设定可能是所有公司的平均绩效、前10%的平均绩效或是最佳厂商的效率标准等。以标杆为基础的排放权分配制度，对部分高效率的参与者而言，没有排放权的购买成本，同时不会对快速发展的公司造成损害，易于被厂商所接受，也不会牺牲环境的有效性，是备受学者推崇的分配方式之一。Anna Torner（2010）的报告推荐碳排放权在没有碳泄漏风险的行业中的分配应该适用基于历史的产出数据的标杆法，当然这一免费分配的比例也应逐步降低：由2013年的80%降至2020年的30%。这是因为虽然在标杆原则下，排放权的分配与过去的排放行为无关，但是效率标杆仍会造成扭曲。Matthes，Neuhoff（2007）以电力部门为例，指出洁净能源如天然气电厂的效率标杆值一定比高排放的煤电厂高，这将对洁净能源的投资造成扭曲。

拍卖法是指由政府公开出售排放权，由出价最高者得标的有偿分配方式，备受学者们的推崇。Demailly and Quirion（2006）指出，免费分配会使得该制度产生的红利过多地向部分被管制企业倾斜，对社会整体福利增进不大。Cramton and Kerr（2002）认为，运用拍卖法进行碳排放权分配有助于提高排放交易制度的效率，有助于排放权被分配到对其评价最高的使用者手中；可以最大化政府收益，拍卖收益可以用来抵消税收的扭曲、增进社会的整体福利。Cameron Hepburn（2004）进而指出，从免费分配过渡到拍卖法并不会对被管制厂商的产品价格造成太大的影响。Hepburn et al.（2006）指出，从长期来看拍卖法并不会影响一国的产业竞争力，通过支持边境租税的调整措施还可以削减对竞争力的冲击。不同的拍卖形式都有它们各自的优劣，在透明度、价格发现、对垄断与合谋的控制、交易成本以及公平性等方面会带来不同的分配结果。Giuseppe Lopomo（2011）比较了两种主要的拍卖分配法（统一价格密封拍卖法和向上叫价动态拍卖法），根据现有的经验指出，统一价格密封拍卖法要优于其他的拍卖方式。

我国关于碳排放权初始分配制度主要围绕分配方式展开，并以免费分配方面为主。陈文颖、吴宗鑫（1998）分析了碳排放权交易对中国经济的影响以及不同碳权分配机制对全球碳权交易收益的影响。高广生（2006）分析了气候资源和碳排放权的基本属性，探讨了碳排放权的分配方案，并对国外的碳排放权分配方案进行了对比评估，提出了影响碳排放权分配的重要因素。苏利阳、王毅（2009）阐述了气候谈判中涉及的公平公正原则和国际上主要的碳排放衡量指标（国家排放总量、国家累积排放总量、人均排放指标、人均累积碳排放量、碳排放强度等），结合定量分析，从公正原则的角度剖析了碳排放衡量指标，并基于相关公正原则提出新的衡量指标。曾鸣等（2010）将拍卖分配方式引入碳排放权交易市场中，提出了标准增价拍卖方式的定量化模型，并运用函数和博弈论的方法给出不同排放率下企业采取严格竞标和策略竞标两种方案的仿真算例，分析了不同策略组合下的企业利润，从而为我国碳排放权分配方式的设计提供参考。杨玲玲、马向春（2010）阐述了美国、欧盟及中国电力工业减排的典型实践，根据相关研究提出电力工业碳排放权的两种额度分配模型，并在比较的基础上指出了各种适用的范围。曾刚、万志红（2010）对包括碳排放权初始分配之内的碳排放权交易理论与应用研究进行了精彩的综述。王信、袁方（2010）认为，在市场建立初期我国应按照西方国家已有的做法，为减轻微观主体的成本压力，提高碳排放权交易的吸引力，免费发放绝大多数甚至全部排放权；随着技术进步、市场逐步完善和减排任务加重，再逐渐增加排放权拍卖的比重，加大企业减排力度；政府可将拍卖收入定向用于节能减排相关领域；随着时机的成熟，逐步转向排放权拍卖，使其价格更好地反映市场供求，引导企业合理的减排。谢传胜等（2011）提出利用排放绩效机制能有效分配碳排放配额，控制二氧化碳排放量，是电力行业实施碳减排的一种有效机制。

（三）关于初始分配与产业竞争力关系的研究

产业竞争力问题是政府在进行排放权分配决策时的关注焦点。Florent（2005）探讨了政府在进行排放权分配时，如何通过排放权的策略性分配，改变面对国际产品市场竞争的厂商的竞争力。Krugman（1994）认为，对厂商或部门层次而言，碳交易对竞争力的影响是个重要的议题。波特（1995）认为，短期内实施严厉的环境保护政策确实会使企业的成本上升，并影响企业的竞争力。但是从长期来看，如果其他国家都追随先驱国家环境政策，环保目标和竞争力可以实现双赢。由于环境压力的刺激，企业在改进节能技术方面更积极，使技术领先的企业通过环境知识和技术的提供，在竞争中占据先机。Smale et al.（2006）指出，当碳交易使厂商的边际成本增加时，排放交易制度对厂商利润的冲击形式主要表现在三方面：减少产出水平、厂商资讯吸收部分成本、部分成本转嫁给消费者。为了减轻排放交易指令对欧洲高耗能产业造成的冲击，Asselt and Biermann（2007）归纳了许多欧盟成员国旨在削弱排放交易制度对高耗能产业冲击的具体措施，具体如表 1.5 所示：

表 1.5　减轻碳排放交易指令对欧洲高耗能产业冲击的方式

提出学者（时间）	保护措施
Zhang（2001）	补贴到公平竞争的基线水平
Assuncao and Zhang（2002） Brack et al.（2000）	直接补贴、免税、提供货物、服务或贷款担保
Assuncao and Zhang（2002） Charnovitz（2003）	成员国免除高耗能产业的其他减量责任，如碳税或能源税
Charnovitz（2003）	对高耗能产业进行目标性的补贴，如对创新、节能减排技术进行补贴
Egenhofer et al.（2005）	降低碳管制、更宽松的分配方式
Reinaud（2005）	将高耗能产业排除在排放权交易制度之外、在一国范围内以标杆为基础分配排放权

资料来源：Asselt and Biermann（2007）.

学者们还对影响产业竞争力的冲击指标进行了分析。Sijm et al.（2006）和 Walker（2006）分别指出了“生产者转嫁能力”的重要性。为了评估排放交易制度对厂商造成的潜在冲击，Damien et al.（2007）在文章中指出了“能源与电力密集度”与“外贸密集度”也均是重要的评价竞争力影响程度的指标。Damien et al.（2007）建立了竞争力冲击指标体系。Susanne Dröge（2009）运用上述分析方法，指出该经济体在碳成本增加的情况下受到冲击的行业主要是：铝行业、钢铁及铁合金、有机化学、复合氮肥、纸及纸制品、水泥六大部门。

我国对于本国产业能耗强度以及碳管制政策可能给各产业造成的冲击也已有了初步的研究。肖红、郭丽娟（2006）建立了一个环境保护强度的综合评价指标体系，通过对不同污染程度产业的国际竞争力分析，将环境保护强度与产业国际竞争力的相关关系进行了实证检验，指出了环境保护强度与产业国际竞争力并不具备规律性的相关关系。刘强（2008）利用全生命周期评价的方法，对中国出口贸易中的46种重点产品的载能量和碳排放量进行了计算、比较和分析。刘启荣（2010）利用投入产出模型，测算了2002年和2007年我国出口贸易活动所产生的二氧化碳排放量，并实证分析了我国出口商品结构存在的问题及其原因。我国台湾地区学者李坚明（2008）对内生化温室气体排放权分配法则的分配效率与公平性进行了分析。林瑞珠等（2010）研究了台湾地区电力部门自愿排放减量的重要案例，就台湾排放交易机制的后续发展提出了建议。

（四）文献评述

综合以上文献，关于碳排放权分配制度的研究还存在以下不足：

第一，对排放权分配制度的研究主要针对欧盟、美国等既存经验的分析，没有充分考虑到本国的能耗与经济发展特点。

第二，缺少对作为一项权利的“碳排放权”的理论分析，并没有消除社会上普遍存在的“碳阴谋论”，使我国即将开始的碳交易制度的实施存在思想障碍。

第三，对初始分配方式的分析主要集中在拍卖制的介绍，缺少对免费分配法的系统研究，对国外备受推崇的“标杆法”等新型分配方式甚至缺乏介绍。

第四，缺乏建立在数据基础上对碳交易制度之下我国高耗能产业风险值的预测，对评估方法也缺乏了解。

第五，现有的研究主要集中于碳排放权在国际层面上或国内区域间如何合理分配的问题，并没有对排放权在国内各行业间如何分配提出具体方案。

鉴于此，本研究针对我国目前对碳排放权分配制度存在的各类顾虑，提供相关的理论作为制度建设的支撑；收集了各国排放权交易分配制度的资料，总结可资借鉴的经验；比较了免费分配和拍卖分配法的实施细节，以及各种适用时需要注意的方面；在数据分析的基础上，指出我国将受到碳分配影响的高风险行业，并对它们进行竞争力评价；最后结合实践经验和分析数据，提出了符合我国产业发展特点的构建我国碳排放权初始分配制度的建议。

第二章　碳排放权初始分配的理论基础

一、碳排放权分配的伦理学基础

（一）没有污染的世界是不存在的

以碳权交易制度为代表的经济激励手段是在非人类中心环境伦理学家的不断质疑声中产生的。极端环保主义者认为，经济激励手段过于以人的经济利益为中心，人对自然资源的依赖是出于本能的、是无条件的，难以对资源进行量化和价格评估，人对清洁环境的需求应当是无价的。碳排放并非一种简单的商品，而是人的一种生存权利。每个人要生存，满足自己衣食住行的需要都必须要排放一定量的温室气体。维持人生存和基本需求的这部分碳排放权不应当由市场进行配置，而应当不分地域、代际和种族而被公平的享有。为了经济利益的需要，以清洁空气为代价来发展经济、进行买卖是不道德的。归根结底，满足人基本需求的碳排放是人不可剥夺的权利，是金钱所难以衡量的。

而支持者认为，在人类面临的各种环境污染和危险中，所谓的“清洁”和“安全”是很难准确界定的。就拿空气来说，其组成成分十分复杂，绝谈不上纯净。那么究竟什么样的空气才能被称作无污染的呢？社会公众的感知敏感度和承受能力也并不都是一样的。

人们希望得到完全无污染的空气和水，但价格太高了。在这种不确定的情况下，我们作出的选择实际上只是对环境资源进行量化分析，通过为自然资源设定产权并使其在自由竞争的市场中交易来实现环境的保护。[1]碳权的取得和流转是为了促进人类在自然资源有限的情况下合理利用，提高效率，增进人类自身的发展，是“负责任的人类中心主义”的表现。

（二）碳权是为污染的行为划定边界

无休止的碳排放是对人权的侵犯，必须加以控制。1994年通过的《人权与环境原则宣言草案》首次宣布了“安全、健康、生态健全的环境”这一普遍的人权。人类社会的发展必然要使用自然资源，如何在开发的同时合理的保护环境资源就成为问题的关键。当前这些资源是怎样在相互竞争的用途和用户之间进行时空分配的？由此导致的分配对社会基本目标、经济福利最大化、社会公平和保障满足到什么程度？可能采取何种公共政策措施来纠正任何察觉出的资源错置问题？排污权交易利用经济学分析方法对上述问题给出了自己的答案。首先，将环境容量视为资源，通过价格机制在排污者之间分配。其次，通过分配方式的多样化和分配对象的多元化保障社会公平。再者，承认市场机制并非万能，接受政府部门进行必要的监管。通过上述措施最终实现人类社会的可持续发展。

碳权作为一项权利是存在边界的，是以权利人遵守一定的义务为前提的。赋予当事人碳权，并不是给予其肆意排污的权利；与之相反，是对当事人自由的合法约束。广义上的权利，是指当事人为

---

〔1〕 Swingland, I. , “Capturing Carbon and Conserving Biodiversity”, *London*: *Routledge* (2003).

实现某种利益而为某种行为或不为某种行为的可能性。法律赋予当事人享有一定的民事权利，实际上是确定他们享有利益和实现某种利益行为的范围或限度。事实上，排污行为在工业社会中是无法避免的。特别是对处于发展中的国家，发展是摆在第一位的，污染物的排放是实现发展的必然产物。漠视排污现象的存在将会导致严重的生态问题，更具建设性的方法恰恰是对行为主体排污自由进行一定的限制，将其约束在可接受的范围之内。在实施排放权交易的过程中，一些国家采用了“总量控制下的排污权交易制度”。在该项制度中，设定的排污“总量”（包括排放污染物的总量、污染物总量的地域范围以及排放污染物的时间跨度）明确了污染物排放的上限，其必须被严格遵守，这也构成了当事人权利的边界。当事人在此总量控制之下，被赋予一定量的排放权，超过限额的排污也将受到管制者的惩处。所以说，碳权的设定并不是简单地将排污行为合法化，而是在认识到现阶段排污行为不可避免的前提下，为排污者的行为划定了明确的界限，体现了对经济主体社会责任的要求，是有利于人类社会的可持续发展的一项创新。

（三）碳权应当被公平地分配

大气是被全人类所共享的，保护它是大家共同的责任。应当注意的是，发达国家在历史上耗费了更多的环境容量资源才达到了现有的发展水平，并且这种行为仍在继续。1992 年被首席经济学家劳伦斯·萨默斯（Laurence Summers）披露的世界银行的一份内参中这样写道：“对损害健康的污染的成本的衡量依赖于从增加发病率以及死亡率中放弃的收益。从这样的一个观点来看，一个给定数量的损害健康的污染，应该在那些成本最低，也将是工资最低的那些国家中进行。我认为在工资最低国家倾倒有毒废弃物背后的经济逻辑是无可非议的，我们应当勇敢地面对这一点。"[1]事实上，发达国家确实是这样做的，他们的企业在本土和发展中国家就安全和排污问题执行双重标准。1984 年在印度发生的博帕尔灾难导致了近万人的死亡，2～3 万人受伤，许多人永久地失明或呼吸功能损伤。联合碳化物公司在博帕尔的分部由于设计和生产时的安全问题导致了该事故的发生。1985 年，联合碳化物公司的前任主任沃伦·安德森（Warren Anderson）承认博帕尔工厂的运作方式在弗吉尼亚州是不被许可的。

由于历史积累量的不同，发达国家和发展中国家应当在碳排放中承担不同的责任。在发达国家，工厂消耗了大量的大气环境容量资源才达到了今天的发展水平，当前温室气体排放量有相当部分是用于奢侈性消费，应当受到较为严格的排放总额限制；发展中国家历史上消耗的大气环境容量资源较少，现在的生产是为了生存和发展所必需的，因此在一定程度上放松对发展中国家碳排放权的限制，才能保障发展中国家真正享有均等的发展机会。根据世界资源研究所（WRI）的历史累积排放统计结果，排在前 20 位的国家共排放了约占全世界 85% 的温室气体。表 2.1 列出了各主要发达国家的历史排放数据。基于此，发达国家应当对碳减排肩负起更多的责任，发展中国家应被赋予更多的碳权。

---

〔1〕 Yearly S.，"Sociology，Environmentalism and Globalization"，*Sage Publication*，1996，pp. 75～76.

表 2.1　主要发达国家（地区）的历史排放数据（1850～2005 年）

国家（地区）	占世界总量（%）	排名
美国	29.25	1
欧盟 27 国	26.91	2
德国	7.04	5
英国	6.04	6

数据来源：WRI CAIT 6.0.

二、碳排放权分配的法学依据

（一）碳权分配的法理学依据

法律能够以强制力对利用环境的各方当事人的权利和义务进行规范，对违反法律规定的当事人予以制裁，从而帮助更有效地实现环境保护的目标。可是，传统的观点认为，空气属于人力所不能控制和支配的物，不能成为法律上所有权的客体。按照传统民法中“无主物的先占原则”，向空中排放污染物是合法的。这就纵容了许多环境污染行为，成为污染问题日益严重的根源。严重的环境污染问题促使了人们对传统民法理念和原则进行反思。有学者提出，在现代工业社会，“民法上的私权利不再是权利主体可以任意自由行使的私权，政府公权的行使也不完全在所有场合下都是公权力”。[1]这种提法反映了近代法制变革中公法私法化和私法公法化的浪潮。作为私法之魂的民法实现了从个人本位到社会本位的转变，私人财产权

〔1〕［美］托马斯·C. 格雷：“论财产权的解体”，高新军译，载《经济社会体制比较》1994 年第 5 期。

的实现也要考虑到社会福祉；作为典型公法的环境法也不再片面依靠行政调整机制，而将私法的理念和经济调控机制引入到了环境法中。

碳权就是公、私法融合的产物，既可以视作是政府的权力，又可以看作是当事人的权利。作为政府的权力，它展现的是政府作为公共利益代表行使法律赋予的权力，它以行政许可的方式将权利赋予排污者。排污的“许可”本质上虽是政府的管制行为，但却因为具有稀缺性同时可以被排他的享有而为被许可人创造了一种“事实上的财产权”。作为当事人的权利，碳权在一定程度上展现了当事人的个人意志，可以为其带来一定的财富和利益。权利人为了个人利益的需要可以将其储存，为将来的扩大生产做准备；也可以将其出售，以获取增值利益；还可以将其质押或抵押，发挥融资功能。[1]基于这些特征，碳权被认为是现代民法中“准物权”的一种典型形式。

对于发展中国家而言，碳排放权意味着对均等发展机会的保障。气候变化是由于温室气体过多地被排放在大气中累积造成的，二氧化碳的累积排放量应该是用来衡量各国气候变化责任的指标之一。国际社会也以“共同但有区别的责任”明确了这一点。《联合国气候变化框架公约》在序言明确提出了“共同但有区别的责任”的概念：“注意到历史上和目前全球温室气体排放的最大部分源自发达国家，发展中国家的人均排放仍相对较低，发展中国家在全球排放中所占的份额将会增加，以满足其社会和发展需要”，“承认气候变

---

〔1〕王清军：“排污权法律属性研究”，载《武汉大学学报（哲学社会科学版）》2010年第5期。

化的全球性，要求所有国家根据其共同但有区别的责任和各自的能力及其社会和经济条件，尽可能开展最广泛的合作，并参与有效和适当的国际应对行动”。《京都议定书》以量化减排的方式进一步贯彻了“共同但有区别的责任”原则，该议定书规定2008~2012年期间，主要工业发达国家和国际组织的温室气体排放量要在1990年的基础上平均减少5%，其中欧盟将6种温室气体的排放量削减8%，美国削减7%，日本削减6%；而发展中国家则不承担强制减排的义务。

（二）碳权分配的国际法依据

《联合国气候变化框架公约》和《京都议定书》创设了碳排放权这一新型的法律权利。《联合国气候变化框架公约》第2条提出了大气环境容量的概念：“根据公约的各项有关规定，将大气中温室气体的浓度稳定在防止气候系统受到危险的人为干扰的水平上。这一水平应当在足以使生态系统能够自然地适应气候变化、确保粮食生产免受威胁并使经济发展能够可持续地进行的时间范围内实现。”

为了将宏观目标具体化为行动，《京都议定书》确立了温室气体排放权，即碳排放权。该议定书第3条第1款规定：“附件一所列缔约方应个别地或共同地确保其在附件A中所列温室气体的人为二氧化碳当量排放总量不超过按照附件B中量化的限制和减少排放的承诺以及根据本条规定所计算的分配数量，以使其在2008~2012年承诺期内将这些气体的全部排放量从1990年的水平至少减少5%。”议定书对附件一所列缔约方的温室气体排放规定了明确的量化限制，同时也就赋予了其在量化限制内排放温室气体、使用大气环境容量资源的自由，即为其设定了边界清晰的碳排放权。对于未列入附件一的缔约方，议定书并未对其温室气体排放予以明确的量化限制。但这些国家仍应依据本国国情自主实施减排活动。由此可以说这些国家仍享有边界较为模糊、约束相对宽松的碳排放权。随着气候变化形势的日益严峻，从相关国际规范的发展方向来看，为所有缔约方设定边界清晰的碳排放权，对各国的温室气体排放实现进一步有效的控制，是必然的趋势。

除国际条约外，各发达国家也纷纷通过立法对碳排放权及其交易制度作出了规定。欧盟的《温室气体排放交易指令》、英国的《气候变化法案》、美国的《清洁能源安全法案》都引入了温室气体排放权交易机制。例如，欧盟立法委员会在 2003 年 6 月通过了《温室气体排放交易指令》，对工业部门排放温室气体设下限额，从而设立了全球第一个国际性的碳排放权交易市场。

（三）碳权分配的国内法依据

为了应对全球气候变化的严峻事实，我国政府于 1998 年建立了国家气候变化对策协调小组，制定并颁布了《清洁生产促进法》，并于 2003 年 1 月 1 日起开始施行。国家发展和改革委员会、国家环境保护总局于 2004 年 8 月 16 日联合颁布《清洁生产审核暂行办法》，自 2004 年 10 月 1 日起施行。为了促进 CDM 项目的有序进行，《清洁发展机制项目运行管理办法》于 2005 年 10 月 12 日起施行。为进一步加强对应对气候变化工作的领导，我国在 2007 年发布了《中国应对气候变化国家方案》，并依此成立国家应对气候变化领导小组，负责制定国家应对气候变化的重大战略、方针和对策，协调解决应对气候变化工作中的重大问题。2008 年 10 月中国政府又发布《中国应对气候变化的政策与行动》白皮书，作为未来中国应对气候变化行动的具体指导。2009 年 11 月 25 日，国务院常务会议研究部署应对气候变化工作，决定到2020年我国单位国内生产总值二氧化碳排放比2005年下降40%～45%，作为约束性指标纳入国民经济和社会发展中长期规划，并提出了相应的政策措施和行动规划。

2010年，《中华人民共和国国民经济和社会发展第十二个五年规划纲要》明确提出了控制温室气体排放，逐步建立碳排放交易市场的目标。《纲要》指出应“加快低碳技术研发应用，控制工业、建筑、交通和农业等领域温室气体排放。探索建立低碳产品标准、标识和认证制度，建立完善温室气体排放统计核算制度，逐步建立碳排放交易市场。推进低碳试点示范”。2016年，国务院在《“十三五”控制温室气体排放工作方案》中提出，到2020年单位国内生产总值二氧化碳比2015年下降18%，碳排放总量要得到有效控制。

表2.2 “十二五”时期经济社会发展主要指标

<table>
<tr><th colspan="2">指标</th><th>年均增长（%）</th><th>属性</th></tr>
<tr><td colspan="2">单位国内生产总值二氧化碳排放降低（%）</td><td>［17］</td><td>约束性</td></tr>
<tr><td rowspan="4">主要污染物排放
总量减少（%）</td><td>化学需氧量</td><td>［8］</td><td rowspan="4">约束性</td></tr>
<tr><td>二氧化硫</td><td>［8］</td></tr>
<tr><td>氨氮</td><td>［10］</td></tr>
<tr><td>氮氧化物</td><td>［10］</td></tr>
</table>

注：［］内为5年累计数。
来源：《十二五规划纲要》。

在具体碳排放权交易活动上，我国依据《京都议定书》要求，指定国家发改委为我国国家清洁发展机制主管机构，并依据2005年颁布的《清洁生产机制项目运行管理办法》及一系列相关细则进行碳排放权交易的管理。此外，《大气污染防治法》及《水污染防治法》等法规中对二氧化硫等大气污染物总量控制制度、排污许可证制度的规定也为碳排放权交易制度的建立提供了重要的法律参考。

三、碳排放权初始分配的经济学依据

（一）公共物品与温室效应的产生

随着世界工业化进程的不断发展，如何治理“温室效应”也成为摆在众人面前亟待解决的问题。因为同时具备非排他性和非竞争性，每一位消费者的边际成本趋近于零，空气被认为是典型的公共物品。因此，在经济生活中“空气”遭遇到了外部性的问题〔1〕：因工业生产的原料——化石燃料燃烧所排放的大量废气被排放到空气中，而污染源并没有支付相应的成本，企业因此更加肆无忌惮地排污，造成了污染问题的恶性循环。与此同时，在净化空气中发挥着重大作用的森林资源，作为具有竞争性而无排他性的“公共财产”，被大量地砍伐，上演着一幕幕的“公地悲剧”〔2〕。这种现象和空气

〔1〕 外部性是市场失灵的一种表现。它是指一种消费或生产活动对其他消费或生产活动产生不反映在市场价格中的直接效应。空气污染被认为是生产的典型负外部性，即当一个经济实体行为对外界产生无回报的成本时，也就是社会成本大于私人成本时，负外部性就产生了。

〔2〕 1968年英国加勒特·哈丁教授（Garrett Hardin）在“The Tragedy of the Commons”一文中首先提出“公地悲剧”理论模型。公地作为一项资源或财产有许多拥有者，他们中的每一个都有使用权，但没有权利阻止其他人使用，从而造成资源过度使用和枯竭。过度砍伐的森林、过度捕捞的渔业资源及污染严重的河流和空气，都是“公地悲剧”的典型例子。之所以叫悲剧，是因为每个当事人都知道资源将由于过度使用而枯竭，但每个人对阻止事态的继续恶化都感到无能为力。而且都抱着“及时捞一把”的心态加剧事态的恶化。哈丁教授认为究其根源是公共物品难以界定产权，或者说是界定产权的交易成本太高。当然，关于这个概念现在也有学者不断提出修订的声音，类似观点在科尔教授的《污染与财产权》一书中就有阐述。

污染糅合在一起，共同加剧了“温室效应”。

“温室效应”本身是环境学的术语，指在自然条件下产生的温室气体（主要是二氧化碳、水蒸气、臭氧、甲烷、一氧化氮）保持着地球的温暖，使得生命在地球上得以存在的自然现象。而当进入工业社会，环境污染问题涌现之后，“温室效应”就被赋予了特定的含义：指由于化石燃料燃烧及森林砍伐所造成的温室气体含量升高，全球平均气温升高以及由此带来的极端天气灾害问题。本书也是在该种意义上来讨论“温室效应”。联合国政府间气候变化专门委员会（Intergovernmental Panel on Climate Change，IPCC）提交的一份报告指出，目前已得到明确的证据，证明在20世纪的100年间，海平面升高了20厘米，而全球平均气温升高了0.6℃。如果人类对自己的破坏行为仍然不知悔改，那么大气中温室气体的含量将会进一步升高，进而导致气温升高与海平面升高，同时可能会出现更为不可预测、难以琢磨的天气现象。极端的气候灾害，如洪水、干旱、暴雨等，发生的概率可能会更大。

要控制“温室效应”的恶化，重点在控制二氧化碳的排放。这是因为人们对过去的气候研究发现，大气中的二氧化碳的含量与全球的气温几乎是成正比的关系，二氧化碳浓度越高，全球平均气温就越高。自18世纪工业革命以来，二氧化碳在空气中的浓度以惊人的速度不断攀升。工业革命之前，二氧化碳在大气中的含量仅占百万分之二百八十，而现在的含量则达到了百万分之三百七十以上。据推测，温室效应加剧，70%以上的原因是大气中的二氧化碳含量的增加——而这大多是由人类活动所造成的。尽管地球上有很多碳储藏槽（比如海洋、土壤和植被等），但是它们的容量也是有限的，所以控制碳排放是人类面临刻不容缓的问题。而这一环境问题正在被转化为经济问题加以考虑。

（二）分配制度："软着陆"的工具

当我们判断需要对市场进行干预来控制温室气体的排放时，制定怎样的规则才能以最小的成本达到预期效果？运用何种手段对温室气体进行控制才是最佳？这些问题就摆在了眼前。要有效地解决污染问题，就要针对问题的根源——生产的外部性来解决问题。工厂在生产过程中不可避免地要产生废气、排放二氧化碳。受到利润动机的驱使，生产者并不会主动地对排放物进行治理，因为这需要支付成本、增加支出，会降低生产者的盈利水平。因此，生产者在不受管制的情况下，都会选择直接排放污染物、听任二氧化碳等温室气体排入大气中。但是，污染物进入大气之后所造成的环境问题却会对全人类（包括那些根本没有消费产品的人）造成损害，这些损害都是可以折算成经济损失的。该损失加上生产者的私人成本就是社会成本。这样，由于生产者不受约束的排污行为，虽然节约了私人成本，却增加了社会成本，即私人成本社会化问题产生了。该问题造成了经济效率的损害，使得社会帕累托最优无法实现。

为了解决外部性引起的碳排放问题，碳排放权交易制度应运而生。它指的是通过某种方式（ERCs or Allowances）来确定一定量碳排放的产权，允许碳权在市场上交易，使得它们从减排成本低的企业流向减排成本高的企业。这时排放企业就需要为它们的排放行为支付高成本，从而起到鼓励减排技术的开放、降低碳排放量的作用。该制度的雏形是美国环保局（EPA）为达到削减损耗臭氧物质气体排放的目标设定的一个可交易的许可证体系。同时，环保局又担心新制度会导致那些生产者获得暴利（预计是几十亿美元）。为了"吸收"由新规章导致的稀缺造成的经济效益，环保局通过向生产者征税来处理这个问题。事实证明该项设计是有效的。需要注意的是，碳排放权的初始分配中行政行为和市场行为是并存的：政府按照一定的标准和原则将碳排放权分配给排污主体，其运用的就是行政手段；在碳排放权交易过程中采用拍卖法，则被认为是市场手段的有效运用。

在世界范围内，碳排放权交易制度得到了广泛的适用，其有效性已经得到了证实。我国企业实际上也已通过清洁发展机制（CDM）在国际排放权交易市场上进行过交易。事实上，任何一种方法都没有绝对的优劣，均有各自适用的具体环境和条件。考虑到碳交易政策会给本国企业带来一定的压力，所以西方国家正在考虑对未实施碳交易制度的国家设立"绿色壁垒"，这对我国传统优势产品的出口是不利的。[1]为了顺应国际趋势，2012年1月13日，我国国务院发布《"十二五"控制温室气体排放工作方案》，明确了我国将选择北京市、天津市、上海市、重庆市、湖北省、广东省及深圳市开展碳排放权交易试点。[2]值得注意的是，在我国目前的经济结构下，开展碳排放权交易可能会对电力、矿业、造纸等能源强度高的企业造成较大冲击，而合理设计的初始分配制度则可以将这种负面影响降到最低，帮助排放权交易制度实现"软着陆"。

---

〔1〕 张健、廖胡、梁钦锋等："碳税与碳排放权交易对中国各行业的影响"，载《现代化工》2009年第6期。

〔2〕 夏青："国务院明确十二五减排目标，七省市试点碳排交易"，载新浪财经，http://finance.sina.com.cn/china/20120114/024811202142.shtml，最后访问时间：2017年10月12日。

第三章 碳排放权初始分配的制度形成

一、初始分配制度的发展历程

碳排放权初始分配制度的发展可以分为国际和国内两个层面来讨论。排放权分配制度首先是从国际层面上展开的。1997 年通过的《京都议定书》规定在 2008 ~ 2012 年期间，主要工业发达国家和国际组织的温室气体排放量要在 1990 年的基础上平均减少 5%，其中欧盟将六种温室气体的排放量削减 8%，美国削减 7%，日本削减 6%；而发展中国家则不承担强制减排的义务。作为灵活履约机制之一的“碳排放权交易机制”（IET）将排放权的分配和交易制度用国际法的形式确定下来。其交易标的是《京都议定书》授予的碳排放权，交易的主体限于发达国家。随着 2012 年的到来，“后京都时代”的各国的碳减排义务，或者说是排放权在各国之间的分配，也成为关注的焦点。德班会议的结束后，“德班增强平台特设工作组”开始为建立 2020 年全球新型减排行动框架寻找可行方案，以便适合所有缔约方参与。[1] 由于本书的讨论主要是关于国内碳排放权分配制度，所以对排放权分配国际层面的发展将不做深入讨论。

---

〔1〕 王文军、庄贵阳：“碳排放权分配与国际气候谈判中的气候公平诉求”，载《外交评论（外交学院学报）》2012 年第 1 期。

随着越来越多的国家开始采用碳排放权交易制度，各国的初始分配制度也表现出各自的特点。英国是世界上最早的采用国家级排放权交易制度的国家，拥有丰富的执行经验，也是目前全球碳排放权分配制度设计分析最完整的国家。而欧盟于2005年设立的碳排放权交易制度（Emission Trading Scheme，ETS）已成为全球最大的碳排放权交易市场。该交易制度的减排单位被称为碳排放权（EU Allowance，EUA），在2009年的交易额达到了1185亿美元。除此之外，美国、新西兰、澳大利亚、日本等国也都开始了碳交易的试点，区域性排放权分配制度已经初具规模，全国统一的排放权分配制度也都在规划之中。

与二氧化硫排放权交易早期采用基准型交易方式〔1〕不同，各国碳排放权交易制度设计之初就主要采用的是限额—交易方式，所以总量控制下的碳排放权（即排放一吨二氧化碳的权利）成为分配的主要对象。〔2〕碳排放权限额—交易的流程是：首先设定二氧化碳排放水平的总额度，然后将这一额度分解成一定单位的排放权，通过一定方式将排放权分配给排放二氧化碳的经济主体，并允许排放权出售。一个企业如果排放了少于初始分配的额度，那么就可以出售剩余的额度，而如果排放量超过初始分配的额度，它就必须购买

〔1〕 基准型的排放权交易，是以项目为基础的碳排放控制模式，其中可交易的配额为称为“排放物减少信誉证”（emission reduction credits or ERCs）：如果一个污染源能把排放控制到比法律上规定的要求更低的程度，就可向控制当局申请超标准控制证书作为“排放物减少信誉证”。为了得到证书，排放物的减少量必须满足是剩余的、可实施的、永久的和可计量的四个条件。

〔2〕 吴健、马中：“美国排污权交易政策的演进及其对中国的启示”，载《环境保护》2004年第8期。

额外的额度，以避免政府的罚款和制裁。[1]在限额—交易的碳排放权制度之中，初始分配是实施的起点和关键。大致上看，排放权分配制度的发展经历了主体从自愿参与到强制约束、范围从区域试点到全国推广的过程。

（一）自愿性的排放权分配制度

早期实施的碳排放权分配制度多采用主体自愿参与的方式，并没有对分配主体作出严格的要求。最早开始实施排放权交易的英国就采用的是自愿的分配制度。英国在《京都议定书》中的承诺目标为低于1990年的8%，在欧盟“减量分担计划”（burden sharing）中的承诺目标为低于1990年的12.5%。为了达到此环境目标，英国政府在2002年4月到2006年12月之间，进行了为期5年的自愿性的排放交易制度。该交易制度的主要目标是确保温室气体排放减量的成本有效性；提供英国企业学习参与排放交易的经验，为欧盟排放权交易的实施做准备；在伦敦建立排放权交易中心。参与英国排放权分配的主体包括两类：①直接参与者（direct participants），包括自愿参与的追求绝对减排量的能源密集型工业与服务业的公、私部门。②其他参与者（other participants），包括气候变化协议的参与者、项目参与人、未参与减量计划的组织和个人。气候变化协议的参与者指的是自愿签署加入《气候变化协议》（Climate Change Agreement，CCA），并达到绝对或相对目标的组织，它们按规定可减征80%的气候税；项目参与人指的是直接参与人及气候变化协议交易的组织代表，如碳俱乐部、第三方验证单位，它们通过执行教

〔1〕吴亚琼：“总量控制下排污权交易制度若干机制的研究”，华中科技大学2004年博士学位论文。

育培训计划与提供建议、协助减量目标的达成以创造信用来参与交易；未参与减量计划的组织与个人指的是基于其他理由而进行交易的组织与个人。由于英国的排放权交易制度是自愿参与的，各企业是否参加的选择受制于很多方面。企业参与的理由包括节能减排的需要、提升企业形象、学习排放交易经验等，而企业不参与的理由主要是存在担心减排能力不足、企业竞争力受到冲击、财务方面承受负担等顾虑，具体如表 3.1 所示：

表 3.1　英国企业决定是否参与排放权交易制度的考虑因素

参与的理由	不参与的理由
• 节约能源与排放减量 • 企业可获得盈利的机会 • 提升企业形象 • 学习排放交易的经验 • 为欧盟排放交易制度做准备	• 缺乏时间和精力了解交易计划 • 担心财务方面承担负担 • 担心无法达到减排目标，反而影响企业形象 • 非能源密集型厂商提升能源效率的成本相对较高

经调查，参与者对英国的排放权交易制度的实施是比较认可的，认为参与交易制度提供了学习和了解排放权交易制度的机会、懂得了准确预测排放量的重要性、熟悉了拍卖操作方式、提升了企业内部形象。[1]具体到排放权分配方面，英国提供给我们的经验是：①配额的总量限制很重要。排放交易的总量管制可以确保排放权分配制度产生真实的减排成果，是达成环境目标的主要手段。制

〔1〕 Defra and DfT, "A Study to Estimate Ticket Price Changes for Aviation in the EU ETS", *Department for Environment, Food and Rural Affairs*, 2007.

度实施过程中，许多参与者通过投资或直接改变行为以减少排放，有部分参与者甚至达到了超额减量的水平。②强制参与可提高制度效率。自愿参与虽然可以给予厂商充分的选择权，但是强制性的分配和交易制度能增加参与者的数量，提高市场的流动性，避免市场势力的形成，提升参与者对排放交易制度的信心和市场效率。③要保证分配时间和阶段的确定性。分配时间和阶段的确定性可以帮助参与者进行决策。由于英国排放交易制度在计划终期存在存续与否、是否并入欧盟排放权交易制度等诸多不确定因素，所以参与者都选择避免在最后一年参与交易。④要提供时间和培训给参与者来学习和了解。提供给厂商较长的时间、足够的培训来充分了解拍卖、标杆等分配制度的细节有助于吸引厂商的参与。

美国的芝加哥气候交易所（CCX）是碳排放权自愿分配和交易制度的另一典型代表。在美国宣布退出京都议定书的大背景下，成立于2003年的芝加哥气候交易所成为全球第一个也是北美唯一一个可进行温室气体限排量交易并以条款形式对其承担法律约束力的系统。各会员自愿参与，它试图借用市场机制来解决温室效应这一日益严重的社会难题。交易所开展的减排交易项目涉及二氧化碳、甲烷、氧化亚氮、氢氟碳化物、全氟化物和六氟化硫等6种温室气体。该交易所的会员包括各类公司、公用事业单位和金融机构，范围覆盖全美50州、加拿大的8个省和其他16个国家。芝加哥气候交易所注册的会员虽属于自愿性质方式参与，但仍依据法律效力承诺每年温室气体排放减量目标与排放上限额度，其承诺的规章制度由芝加哥气候交易所的会员拟定与管理，拟定完成后所有的会员都必须依据承诺的减量目标执行，其会员均可依实际减量目标执行程度，透过一项具有价值的交易商品额度——碳金融工具（Carbon Financial Instrument，CFI），在芝加哥气候交易所内进行买卖，每个碳金融额度都必须于芝加哥交易所登记，且必须遵照管理规章进行；若会员可于规定的减量目标执行时前，达到减量目标则可将剩余的碳排放权出售给无法达到减排目标的会员，亦可将剩余的配额存起来以备未来之需。而无法达到减量目标的会员则需购买碳金融工具 CFI 以弥补不足的配额。

芝加哥交易所使用的碳金融额度的交易方式包括：配额交易（exchange allowances）和补偿交易（exchange offsets）两种。“配额交易”是依据会员排放基准值与排放减量而分配给交易会员的量，主要是依据芝加哥气候交易所的管理规章确定的。也就是在所采用的配额交易机制下，相互进行交易。芝加哥气候交易所的配额交易，首先是以 1998 ~ 2001 年的温室气体排放量为基准，再采取 2 个阶段的逐年减排计划。第一阶段计划（2003 ~ 2006 年）规定所有会员必须将温室气体排放减少到低于基准值的 4%，亦即每年约减少 1%。若无法达成目标，将按其超额排放量予以罚款。第二阶段计划（2007 ~ 2010 年）则将温室气体排放减少到基准值的 6%。“补偿交易”则是一种以限制性补偿计划所产生的偏公益性质的交易方式。其追求达到碳补偿或碳平衡的行为（carbon offset），主要存在于农业、森林、水管理和再生能源部门。参与交易的会员都需要先在芝加哥交易所办理登记，内容涉及温室气体的隔离、消减与替代，只要确定有减量且提供必要的证明给交易所即为合法的补偿计划。该计划的参与者包括补偿供应者（offset providers）与补偿集团（offset aggregators），补偿供给者可直接在交易所登记与买卖补偿计划；而补偿集团本质则为一项服务，其管理补偿计划，使计划产生收益。[1]

令人遗憾的是，在2010年芝加哥气候交易所被ICE洲际交易所收购，随后关闭CFI自愿减排碳金融工具产品。而英国的自愿排放权交易制度也于计划结束后并入欧盟的强制性排放权交易制度之中。这些情况都说明现阶段做自愿减排不可能有太大的发展，也不可能走的太长远。[2]下面我们将主要介绍强制性排放权分配和交易制度的发展情况。

（二）强制性的排放权分配制度

强制性的排放权分配制度主要以欧盟排放权交易制度为代表，美国的区域温室气体减排行动（Regional Greenhouse Gas Initiative，RGGI）和东京的排放权限额—交易计划（Tokyo ETS）也都是比较有影响力的强制性交易制度。尽管都采用强制性的排放权交易制度，但是这些国家的分配方案却都有各自的特点，有的在前期主要采用无偿分配的方式，有的主要采用拍卖分配的方式；有的包含的产业范围较广，有的则仅包含电力部门。下文我们将对欧盟、美国和日本这三个国家或地区比较具有代表性的排放权分配制度做一介绍。

1. 欧盟碳排放权分配制度

为积极应对气候变化，2003年6月欧盟立法委员会通过了

---

〔1〕胡荣、徐岭："浅析美国碳排放权制度及其交易体系"，载《内蒙古大学学报（哲学社会科学版）》2010年第3期。

〔2〕梅德文："北京将成为中国乃至世界的碳金融中心"，载腾讯财经，http://finance.qq.com/a/20110915/004237.htm，最后访问时间：2017年10月12日。

2003/87/EC 号指令（又称“排污权交易方案”，Emission Trading Scheme，下文简称 ETS），对工业部门排放温室气体设下限额，并设立了全球第一个国际性的排放权交易市场。欧盟 ETS 允许成员国之间的企业根据各自的减排成本差异自由买卖温室气体减排额度，在该交易制度的分配单位是欧盟碳排放权 EUA（EU Allowance 的缩写），交易的需求方是排放超标的排放实体，供给方则是配额有剩余的排放实体。该方案分为三个阶段进行：第一阶段为 2005 ~ 2007 年，第二阶段为 2008 ~ 2012 年，第三阶段为 2013 ~ 2020 年。方案覆盖了欧盟内部的电力、水泥、钢铁、石油炼化等主要的工业部门，排除了交通行业、中小企业及家庭对能源的直接消费。“配额的初始分配”是该方案首先要解决的问题。

欧盟各成员国对碳排放权的分配主要是遵照“国家分配计划”（National Allocation Plan，NAP）来进行。欧盟“国家分配计划”的原则主要包括：各国分配总量必须与《京都议定书》所赋予的减排目标相符，必须考虑到温室气体减排技术的潜力；各国可以各单位产品排放的平均值为基础；若欧盟通过增加二氧化碳排放的法规，则必须考虑此因素；对于不同厂商或是不同产业之间，分配计划不得有歧视行为；必须包括对将新进场者加入的规定，必须考虑到“提前行动”产业所做的减排贡献，“排放标杆”必须按照可行的最佳可行技术来制订，因此可保障提早行动产业的权益；必须考虑能源效率科技；制订分配计划前，必须让公众表达意见；必须列出所有参与分配的厂商名单以及各厂商所分配到的排放额度；必须包括竞争力变化的分析内容。在这些原则的指导之下，“国家分配计划”的操作程序主要包括以下四个步骤：确定所有必须参加排污权交易厂商的名单；确定将排放许可总量分配给所有参与排污权交易的部门；确定各产业部门所分配到的排放许可，分配过程必须透明，按照其最近的实际排放情况；确定各厂商所分配到的排放许可。[1]同时，2003/87/EC 指令允许在同一阶段的配额可以进行存储和借贷。例如，在 2005 年没有用完的配额，可以在 2006 年或 2007 年使用，而 2005 年可以借用 2006 年的配额。该指令还有一定的灵活性，体现在可以通过在排放贸易市场买卖配额来实现。但是，在各阶段间的碳排放权配额禁止储存和预支。这样做的好处在于减少政策实施的不确定性，便于更好地对该阶段的市场运行状况进行研究和监控。但是问题也同样存在：由于第一阶段过多的排放权无法在第二阶段使用，导致在 2007 年第一阶段接近尾声时，排放权配额的交易价格急剧下跌，造成了异常的市场价格波动。[2]

2. 美国“区域温室气体减排行动”

美国境内实施的“区域温室气体减排行动”（Regional Greenhouse Gas Initiative，简称 RGGI）是全美唯一的、强制性的、基于市场的、旨在降低温室气体减排的区域限量交易计划。该项目于 2009 年 1 月 1 日起开始实施。目前，这个组织已经成功吸收了包括康涅狄克州、缅因州、马萨诸塞州、特拉华州、新泽西州等美国东北部十个州郡。宾夕法尼亚州与华盛顿特区以观察员的身份参与这个计划。

---

〔1〕 Matisoff D. C.，“Making Cap-and-Trade Work：Lessons from the European Union Experience”，*Environment*，2010，52（1）.

〔2〕 Grubb M.，Azar C.，Persson U. M.，“Allowance Allocation in the European Emissions Trading System”，*Climate Policy*，5（2005）.

“区域温室气体减排行动”是旨在控制包括二氧化碳、甲烷、氧化亚氮在内的6种温室气体的区域限量交易计划，目标是到2018年发电部门的碳排放量减少目前水平的10%。该项目的调整对象仅限于发电部门，配额主要采用拍卖的方式来分配。这个计划主要针对的部门是发电部门，受该项目约束的设施是位于参与十州范围内的发电量在2500万瓦特以上的以化石为燃料的火电厂，覆盖225个发电厂的500~600座机组。按照“区域温室气体减排行动”的结构，每个参与的州都将根据项目总限额按比例作出各自的减排承诺，并且等量发放配额。

“区域温室气体减排行动”的实施分为两个阶段：第一阶段（2009~2014年）将CO_2排放量稳定到现在的水平上；第二阶段（2015~2018年）比现在的排放水平降低10%，即每年降低2.5%。碳排放配额的分配是该项计划的核心内容之一：首先是各个州之间的分配，各州之间的配额分配是基于历史CO_2排放量，并根据用电量、人口、预测的新的排放源等因素进行调整；其次是设施直接的分配，发电厂之间的分配一般由各州单独进行，发电厂的配额分配计划的规则类似于NO_X预算交易计划。但是各州必须将20%的配额用于公益事业，另外预留5%的配额放到策略碳基金中，以取得额外的碳排放减量。值得一提的是所有的CO_2排放配额均是通过每三个月一次的区域拍卖来发放。发电厂使用CO_2排放配额的方式除自身使用以外，还可以用来交易或储存。发电企业除了通过竞拍的形式获得总量控制下的CO_2排放配额外，还可以通过碳补偿获得额外的碳信用。

在该计划的设计中，合理分配配额的重要性引起多方关注。来自新泽西州的 PSEG 能源集团环境事务主管大卫·康宁汉姆（David Cunningham）认为各成员方的排放权分配政策将对今后的碳减排信用额价格产生直接影响。美国 NRG 电力集团的副总裁斯蒂夫·康纳利（Steve Corneli）提到配额政策会影响 RGGI 交易市场的流动性。他说："配额政策与拍卖政策并行才能扩大这个市场的规模，因为这有助于减少交易风险，只有这样，投资者才能在合适的时机选择合适的仓位。现行的政策是必须拍卖 25% 的配额，这可以有效避免在 EUETS（欧盟排放交易体系）第一阶段出现的因供应过剩引发的暴跌。"[1]2008 年 9 月 25 日，RGGI 实现了它的第一笔配额买卖，售价是每吨碳排放量 3.07 美元。按计划，可供购买的配额数量将逐步减少，以实现电厂在 2014 ~2018 年间 2.5% 的减排目标。[2]配额出售所得的收益应当用于促进节能和可再生能源的开发，遗憾的是在 2010 年有三个州把钱用来挪作平衡整体预算之用。

作为试点性质的交易计划，RGGI 也并非尽善尽美。被称为"美国碳市场第一案"的 Mark Lagerkvist 诉新泽西州环保局案就让人们看到了 RGGI 中值得争议的部分。Mark Lagerkvist 是美国新泽西州独立新闻机构 Watchdog 的负责人，他向州府所在地方法院起诉新泽西环保局，原因是新泽西环保局（NJDEP）拒绝公开在区域温室气体减排行动（RGGI）市场减排量拍卖的买受人信息。Mark Lagerkvist 通过调查发现，RGGI 最近 10 次的减排量拍卖并未全部

〔1〕 http://baike. baidu. com/view/2903192. html. fromTaglist，最后访问时间：2011 年 6 月 12 日。

〔2〕 Initiative R. G. ，"Overview of RGGI CO2 Budget Trading Program"，载 www. rggi. org/docs/program_summary_10_07. pdf. 2007，最后访问时间：2011 年 10 月 12 日。

由参加该市场、承担温室气体减排指标的电厂买走，还有相当一部分去向不明。而公布的竞买人包括巴克莱银行、摩根士丹利等大牌投行金融机构。Mark Lagerkvist 认为交易信息应当属于“公共利益”：二氧化碳的排放会对所有公众产生影响，一旦拍卖结束，公众有权知悉买受人。RGGI 则称它不是一个受到信息公开法律约束的公共机构，而新泽西州环保局（NJDEP）也拒绝了原告提出的拍卖纪录公开请求，辩称它并不产生、持有或保存任何减排量购买信息文件。事实上，在类似的二氧化硫的交易中，美国环保局（EPA）对每年二氧化硫的拍卖信息都给予了足够的透明度的。从 1994 年开始，EPA 披露竞买人和买受人的信息。从 2003 年开始，这些报告的信息范围得到扩大，包括未成功竞拍的拍卖人和标的物。

3. 东京碳排放权分配制度

2010 年 4 月 1 日，东京建立了自己的强制的总量限额—交易体系。为了帮助东京实现到 2020 年能够在 2000 年的基础上减排 20% 的目标，参与者被要求承担在 2012 ~ 2014 年间在 2002 ~ 2007 年三年平均排放量基础上减排 6% ~ 8% 的减排义务；到 2015 ~ 2020 年达到 17% 的更高要求。该体系的调整对象是办公室、商业大厦、大学和工厂，覆盖了 1400 个设备和 1% 的全国总排放。不同于其他的碳排放权分配制度，东京体系包括了许多小型的排放设施。为了减轻遵约负担和交易成本，较小的厂商有获得补贴以提高能效的机会。为了实现目标，排放设施可以选择在内部减排、从其他减排能力强的经济实体处购买碳排放权、购买中小型企业的国内碳抵消额等方法。未能达到减排目标的设施将在下一阶段以 1.3 倍的违约数额被罚款。[1]

总体上来看，碳排放权分配制度经历了从自愿性到强制性的过渡，强制性的约束有助于更好地达到节能减排的环境目标，有助于碳交易市场流动性的提高，有助于实现整个规制制度的效率。此外，碳排放权分配制度都经历了从试点到推广的阶段，地域范围逐步扩大。英国的排放权交易制度已经被欧盟整体的排放权交易制度所取代。在 RGGI 实施经验的基础上，美国也正在酝酿全国性的排放权交易制度，2009 年通过的清洁能源与安全法案（ACES）将实施一个全经济范围内的强制上限与交易体系，旨在到 2020 年在 2005 年的基础上减排 17%。在东京排放权限额—交易实践的基础上，2010 年日本政府提出了“全球变暖对策基本法”，一个全国范围内的强制性排放权交易制度正在计划之中。[2]

二、初始分配制度的内容框架

碳排放权初始分配制度是碳交易制度的起点，是温室气体控制政策能否顺利实施的关键。碳排放权初始分配作为一项制度来讲，主要涉及两大问题：

第一个问题是，应该运用哪一种减排标准来进行分配，是总量限额—交易下的排放限额（allowance）还是基准型交易下的排放信用证（emission reduction credits，ERCs）？基准型的排放权交易，是

---

〔1〕世界银行：《世界碳市场发展状况与趋势分析（2010 年）》，郭兆晖、朱瑾付丽译，石油工业出版社 2011 年版。

〔2〕诸富彻、周岳梅：“日本排放权交易体系的体制设计（上）”，载《国际贸易译丛》2009 年第 5 期。

以项目为基础的碳排放控制模式。规制者根据排放源的排放水平为参与方划定某一基准值（通常规定单位能耗或单位产出的排放率或排放密度）并按特定程序监测和计算各参与方所进行的实际排放量。在履行期限届满时，管理当局对该时期内的实际排放和基准值进行比较后，那些实际排放低于基准值的参与实体能够获得等于二者差额的信用额度，并可自由交易所获得的额度。如果某参与方的实际排放超过了为其设置的基准值，就必须购买相当于超额的信用以保证履行。这一制度的关键在于基准值的确定。基准交易机制下许可是事后核准发放的，为了提供灵活性，排放权可以允许储备和预支。早期的温室气体如二氧化硫的分配方案中多采用基准型交易模式，选用排放信用证作为减排标准。而总量限额—交易制度则为更近期的规制者所青睐，欧盟和美国的“区域温室气体减排行动”都是采用限额—交易制度、选用碳排放权作为减排标准。为了和世界接轨，我国的碳排放权交易制度也不妨选用碳排放权作为减排标准。那么与此相对应的问题就是如何确定配额的总量。

第二个问题是，如何分配这些许可证？其中，最关键的问题是关于排放权分配的方式，即采用免费拍卖的方式还是选用拍卖的方式来进行有偿分配?[1]任何一种减排标准或分配方式都各有利弊。要尽量发挥初始分配制度的优势、最大限度地降低可能造成的负面影响，分配制度的细节设计就显得尤为重要。具体来讲，碳排放权初始分配主要涉及的内容包括：初始分配的总量标准、初始分配的基本原则、初始分配涉及的行业和设施、初始分配的方式、初始分

〔1〕周守亮：“污染排放交易体系中不同分配方式的对比研究”，载《天津商业大学学报》2010年第3期。

配的条件和程序、分配量的撤销和废止等内容。具体如图 3.1 所示：

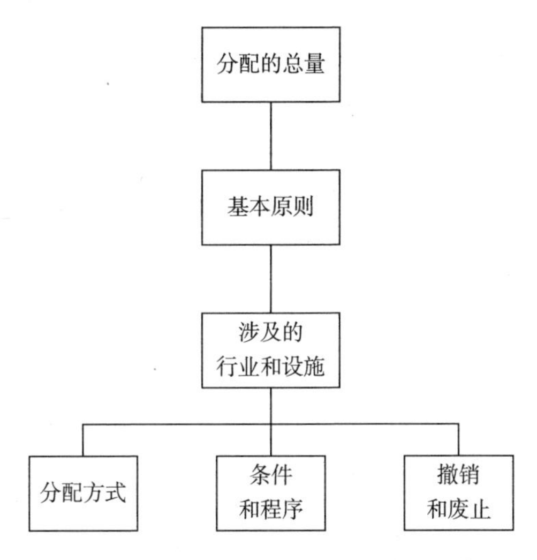

图 3.1　碳排放权初始分配涉及的主要内容

（一）排放权的分配总量

为了和世界接轨，总量限额—交易制度显然是我国初创交易制度更合适的选择。总量交易的基本方式是：首先设定二氧化碳排放水平的总额度，然后将这一额度分解成一定单位的排放权，通过一定方式将排放权分配给排放二氧化碳的经济主体，并允许排放权出售。一个企业如果排放了少于初始分配的额度，那么就可以出售剩余的额度，而如果排放量超过初始分配的额度，它就必须购买额外的额度，以避免政府的罚款和制裁。该种交易方式实施时分配总量的确定是首要任务。在限额—交易制度下，规制者将可分割的排放量定义为排放每一吨二氧化碳的许可，并且将这种许可通过法律的形式转换为可交易的财产权，这些许可权（也被称为配额）的总量正好等于排放限额。

美国的《清洁能源和安全法案 2009》（ACESA）规定，美国到 2012 年时的温室气体排放量要在 2005 年的基础上减少 3%，到 2020 年减少 17%，到 2030 年减少 42%，到 2050 年减少 83%。ACESA 法案选择了“总量控制与排放交易”的温室气体排放权交易机制。在排放交易体系下，法案要求美国发电、炼油、炼钢等工业部门要对其排放的每一吨温室气体都要持有相应单位的排放配额，每个参与的州都将根据项目总限额按比例做出各自的减排承诺，并且等量发放配额，这些配额可以进行交易和储存。同时，每年发放的配额数量在 2012 ~ 2050 年间将会逐年减少，企业若超额排放需要出资购买额外的排放权。

欧盟排放权交易制度（ETS）在制度实施之初并未明确整个制度的减排路径，而是分三个阶段在每阶段之初确定该阶段的特定目标。在欧盟的第一阶段，“国家分配计划”是按每个企业实际二氧化碳排放状况来规定其排放额度，而整个地区并没有一个总的限排限度。但进入第二阶段后，欧盟的减排目标就和《京都议定书》的承诺一致，即从 2008 年至 2012 年欧盟将每年减排约两亿吨二氧化碳。值得注意的是，欧盟各企业所分配得到的初始排放额并不是基于企业历史排放量，而是根据某行业各企业当期排放量来确定减排任务。这与美国基于企业过去产量来分配的做法不同。按行业分配排放权的优点在于，同一行业企业的生产流程工艺相似，按当期排放量分配排放权，企业较易接受。德国和丹麦都曾试图为全部参与排放权交易的企业设定一个统一标准，但因太过复杂而相放弃。相对而言，分行业按照企业排放量来分配碳排放权的方法是最为简单可行的。[1]在欧盟排放权交易的第一阶段，总体来说排放权供给大于需求，只有电力行业是个例外。其获得的排放权少于需求，这有利于激励二氧化碳排放量最大的发电行业通过技术革新等手段来实现更大规模的减排。同时由于电力行业较少参与全球竞争，因此成本容易转嫁，该行业因减排而受到的负面影响在可承受的范围之内。

由于欧盟是许多主权国家组成的经济体，所以ETS的分配限额是如何在各个主权国家之间进行分配的也是值得关注的。欧盟排污权交易计划（ETS）很重要的一个部分是对内部成员国的授权。按照方案的要求，欧盟委员会指导各成员国制定“国家分配方案”（National Allocation Plan，NAP），各国政府再按照现有排放状况、减排潜力等因素，将排放配额再分给国内各个企业。初始拍卖中所得的收益将分配给成员国。这种结构和美国的 NO_X budget 方案及RGGI项目类似。在这些项目中地方政府在配额分配和拍卖收益的再分配方面都发挥了重要的作用。由于排污权交易体系必须以“总量控制”为基础，因此各国的国家排污权分配计划是确定整个欧盟“排污权交易计划”的重要依据。欧盟规定，2004年3月31日前，每个成员国必须按照2003/87/EC指令附件三的规定提交国家分配计划。各国“计划”应说明将分配排放权的数量以及如何分配。在收到成员国的国家分配计划后，欧盟在3个月内完成审核，若不符合规定者，可全部退回或要求部分修正。[2]

---

〔1〕 王信、袁方：“碳排放权交易中的排放权分配和价格管理”，载《金融发展评论》2010年第11期。

〔2〕 Hizen Y., Saijo T., “Designing GHG Emissions Trading Institutions in the Kyoto Protocol: An Experimental Approach”, *Environmental Modelling & Software*, 2001, 16 (6).

（二）分配的基本原则

碳排放权初始分配的基本原则指的是在分配碳排放权配额的过程中需要自始至终坚持贯彻的指导思想。一般来说，碳排放权初始分配需要遵从的原则是多重的，包括保证整个碳交易制度的有效实施、实现分配的效率与公正、体现对先期行动的奖励、减少对产业竞争力的冲击等多方面。

欧盟“国家分配计划”中体现的原则主要包括：各国分配总量必须与《京都议定书》所赋予的减排目标相符，必须考虑到温室气体减排技术的潜力；各国可以各单位产品排放的平均值为基础；若欧盟通过增加二氧化碳排放的法规，则必须考虑此因素；对于不同厂商或是不同产业之间，分配计划不得有歧视行为；必须包括对将新进场者加入的规定，必须考虑到“提前行动”产业所做的减排贡献，“排放标杆”必须按照可行的最佳可行技术来制订，因此可保障提早行动产业的权益；必须考虑能源效率科技；制订分配计划前，必须让公众表达意见；必须列出所有参与分配的厂商名单以及各厂商所分配到的排放额度；必须包括竞争力变化的分析内容。在这些原则的指导之下，“国家分配计划”的操作程序主要包括以下四个步骤：确定所有必须参加排污权交易厂商的名单；确定将排放许可总量分配给所有参与排污权交易的部门；确定各产业部门所分配到的排放许可，分配过程必须透明，按照其最近的实际排放情况；确定各厂商所分配到的排放许可。[1]

（三）涉及的行业和设施

排放权分配和交易的主体是分配制度的另一重要内容。自愿性

[1] 于天飞：“碳排放权交易的市场研究”，南京林业大学2007博士学位论文。

的排放权交易制度涉及的主体范围很广，许多公民和非营利性的组织都可以成为碳排放权分配的主体；强制性的排放权交易制度主体范围就比较小，直接调整的都是生产排污型的企业，对它们的经营生产活动中产生的温室气体排放量进行管理。后者一般在分配时，要涉及行业和设施两个层次的议题。

1. 受规制的行业

一般来说，碳排放权分配体系并不涉及所有行业，电力行业和高能耗工业产业则常被纳入分配体系。对于低能耗的行业来讲，它们的生产活动所产生的排放量占国内的总比例本身就比较小，此外减排潜力也非常有限。而电力部门生产所产生的排放常是一国的主要污染源，同时技术改进对减排的影响也很显著。美国的“区域温室气体减排行动”仅限定于电力行业。美国的环保总署认为国内碳减排首先要从电力部门做起，按照其估算基于电力生产所产生的排放量占到了国内二氧化碳排放总量的39%。欧盟2003/87/EC号指令规定，工业企业自2005年1月开始需要特别许可才能排放二氧化碳，受到管制的包括炼油、能源、冶炼、钢铁、水泥、陶瓷、玻璃与造纸等行业的12 000处设施。这些设施的碳排放量占欧洲总量的46%，具体见表3.2所示：

表3.2 欧盟排放权交易所包含的工业部门

部门	欧盟 CO_2 排放百分比
电力和热力生产	29.9%
钢铁和生铁生产	5.4%
石油精炼	3.6%

续表

部门	欧盟 CO_2 排放百分比
化学	2.5%
玻璃、陶瓷建筑材料（包括水泥）	2.7%
造纸及印刷（包括纸浆）	1.0%
总计	45.1%

资料来源：EUROATART 1997.

2. 受规制的设施

受碳排放权规制政策约束的主体一般是正在进行生产活动的厂商或设施。对这些生产厂商或设施进行规制时，首先要界定清楚进行哪些生产活动的厂商将被纳入管制范围，并不需要将所有的厂商都纳入分配体系。[1]碳排放权分配制度的主要对象应该是那些大型电力生产厂商和规模以上的制造业生产厂商。它们倾向于将碳成本考虑进短期决策之中，并积极地参与国内、国际碳交易。

其次，为了碳交易能够有效开展，必须保持主体的多样性，将具有不同减排成本的生产设施都纳入其中。[2]只有这样，减排成本低的生产企业才能受激励努力创新实现或超额完成减排目标，产生了多余的配额才能够提供给减排成本高的生产企业，实现社会减排成本的最小化。美国 RGGI 制度包含的设施为发电量在 2500 万瓦特以上的以化石为燃料的火电厂。主体被纳入欧盟排放交易体系管制

---

〔1〕 Dr. Al. F. M. E.，“The Environmental Effectiveness and Economic Efficiency of the European Union Emissions Trading Scheme：Structural Aspects of Allocation”，Working Paper，2005.

〔2〕 King M. R.，“An Overview of Carbon Markets and Emissions Trading：Lessons for Canada”，Working Paper，2008.

的确认步骤，首先是核查工厂设施是否进行如 ETS 指令内附录一所列的一至多项的活动。如果有进行如附录一所列的活动，而且温室气体的排放量还可能超过规定的门槛，那就要纳入欧盟排放交易体系的管制；同时在现场相似的数个活动排放量要先加总后，再来做查核比对。欧盟规制的生产活动包括热输入功率超过 2000 万瓦的燃烧设施的活动在内的能源活动、铁系金属的生产与加工、矿业生产、包括纸浆与日产超过 20 公吨的造纸和木板生产线的其他生产活动，具体见表 3.3 所示：

表 3.3　欧盟碳排放权交易制度规制的生产活动

生产活动（注 1）
1. 能源活动
1.1 热输入功率超过 20 百万瓦的燃烧设施的活动（注 2）
1.2 矿油炼制活动
1.3 焦碳炉活动
2. 铁系金属生产与加工
2.1 金属矿石（包括硫化物矿石）煅烧与烧结设施的活动
2.2 制造生铁或钢铁（原生或二次熔炼）设施的活动，含连续铸造，产能每小时超过 2.5 公吨
3. 矿产工业
3.1 生产水泥熟料旋转窑设施的活动，产能每天超过 500 公吨
3.2 生产石灰旋转窑或其他加热炉设施的活动，产能每天超过 50 公吨
3.3 生产玻璃或玻璃纤维设施的活动，溶制量每天超过 20 公吨。
3.4 生产陶瓷产品（含屋瓦、砖块、耐火砖、瓷砖、陶瓷器）烧烤窑设施的活动，其中：窑产能每天超过 75 公吨或窑容积超过 4 立方公尺，而且设定密度每立方公尺超过 300 公斤

续表

4. 其他活动
4.1 由伐木或其他纤维物质来生产纸浆工厂的活动
4.2 生产纸类产品工厂的活动，产能每天超过 20 公吨

注 1：当经营者进行的数项活动都属于附录一相同说明中，相同固定式技术单元的不同组件，或同一场址上不同的固定式技术单元，那么在这种情况下，每一组件或单元的容积应该要加在一起，即“加总原则”。

注 2：百万瓦（megawatts，1 瓦 = 1 焦耳/秒）。联合国气候变化政府间专家委员会（IPPC）的门槛是 50MW，降低至 20MW 是为了欧盟排放量交易体系的需求，而且此门槛可能借由把同一场址规定的燃烧活动加总而达到；这个较低的门槛，能有效地把原先不受管制的设施纳入管制。

（四）初始分配方式

碳排放权的初始分配方式是分配制度的难点和关键。在全世界范围内，主要有两种不同的分配方式：根据特定规则免费分配、采用拍卖方式有偿分配。[1]两者各有利弊，适合在不同的情景下采用。免费分配指的是管理当局按照一定的规则来分配碳排放配额，企业无需为此支付相应的费用的分配方式。由于免费分配非但没有增加现存企业的成本，反而为企业增加了一笔可以在市场上出售的资产。因此其很容易被企业接受，在实施过程中较少受到来自企业的阻力，是在碳交易制度实施的初期常采用的分配策略。[2]拍卖制被认为是碳排放权初始分配方式中另一种非常有吸引力的选择。免费分配与拍卖

---

〔1〕 Devlina R.，“Marketable Emission Permits：Efficiency，Profitability and Substitutability”，*The Canadian Journal of Economics*，1996（29）.

〔2〕 Lange C.，“On the Design of Optimal Grandfathering Schemes for Emission Allowances”，Working Paper，2003.

排放许可证相比，会增加排放交易系统的社会成本。[1]通过拍卖所得的收入，政府能够降低个人所得税和消费税，或增加抵税范围，使社会中产阶级和穷人受益。相反，在无偿分配方式下，只有得到了排放许可证的企业才享受了该利益，对于这些行业中的工人、当地经济和能源的最终价格并不会有多大的改善作用。[2]此外，拍卖方式也能更好地解决公平问题。减排成本在实际生活中很容易被转嫁给消费者，而拍卖所得的收益能够更好地补偿这些弱势群体。具体各分配方式的优劣如表3.4所示：

表3.4　免费和拍卖分配方式的比较

分配方法		优点	不足
免费分配	将历史排放量作为指标的分配（GF）	1. 总体的经济成本较低 2. 分配标准统一，易于理解 3. 政策接受度较高 4. 减少企业的搁置风险	1. 不符合社会正义的要求 2. 历史数据可能已经过时 3. 容易形成进入障碍 4. 对国际贸易造成不利影响
免费分配	将当前产出作为指标的分配（OB）	1. 不存在红利效应（特别针对电力行业） 2. 能够有效地降低对产业国际竞争力的不利影响 3. 降低碳泄漏的风险	1. 和拍卖及祖父制相比，经济效率性不足 2. 需要的信息和投入的时间较多

〔1〕 Parry I. W. H., Williams Iii R. C., Goulder L. H., "When Can Carbon Abatement Policies Increase Welfare? The Fundamental Role of Distorted Factor Markets", *Journal of Environmental Economics and Management*, 1999, 37 (1).

〔2〕 Fischer C., Parry I. W. H., Pizer W. A., "Instrument Choice for Environmental Protection When Technological Innovation is Endogenous", *Journal of Environmental Economics and Management*, 2003, 45 (3).

续表

分配方法		优点	不足
有偿获得	由市场竞标获得排放权(AU)	1. 有效率 2. 简单易行 3. 具有双重红利	1. 增加企业的经营成本 2. 影响企业的国际竞争力

资料来源：本研究整理。

1. 免费分配

欧盟的碳排放权分配制度在第一阶段主要采用的就是无偿分配的方式。在“国家分配计划”中，各成员国在无偿分配时所依据的细分规则也各有不同，主要包括以下两种：第一种方法是以厂商历史排放量、通过过去生产活动所计算出的排放量以及依据特定标杆来对厂商进行直接分配。常用的分配方法是依据厂商的历史排放量进行免费分配，被称为祖父法。根据此方法，各主体的最终分配量一般由历史排放量、遵行因子和部门特定的成长因子相乘所决定。遵行因子是指为达到排放权分配量与总管制量相等的调整手段。成长因子是为了满足各个产业经济发展的需要所运用的调整手段。德国、波兰采用的是该种方法。此外，标杆法仅在荷兰等少数国家被采用，并且被设计得非常复杂。第二种方法是分两阶段进行：首先根据界定各个部门的排放总量，再根据各厂商历史排放在行业总排放中所占的比例来进行设施层级的分配。西班牙和意大利的热力部门都采用的是此种分配方法。〔1〕

〔1〕 Dr. Matthes F.，“The Environmental Effectiveness and Economic Efficiency of the European Union Emissions Trading Scheme：Structural Aspects of Allocation”，Working Paper，2005.

表 3.5　欧盟各国分配方法一览表

会员国	分配方法	两阶段分配	拍卖
奥地利	祖父制搭配标杆法	是	否
比利时	依区域而异	依区域而异	否
丹麦	祖父制搭配标杆法	是	有（5%）
芬兰	祖父制	是	否
法国	祖父制	是	否
德国	祖父制	否	否
希腊	祖父制	是	否
爱尔兰	祖父制（99.25%）	是	有（0.75%）
意大利	祖父制	是	否
卢森堡	祖父制	否	否
荷兰	祖父制搭配标杆法	是	否
葡萄牙	祖父制	是	否
西班牙	祖父制	是	否
瑞典	祖父制	是	否

2. 拍卖方式

美国的“区域温室气体减排行动”（RGGI）采用的是统一价格—密封拍卖法。在 RGGI 项目中，交易的标的物是碳排放权，即排放每吨二氧化碳的许可权。在 2008 年 9 月 25 日 RGGI 项目具有历史意义的第一笔交易中，数量为 12 500 000 吨的排放配额被以 3 850 000美元的价格卖出。按照计划，拍卖收益将被用于开发可再生能源及提高能源利用率的技术。此次拍卖仅耗时 3 小时，在网络的平台上采用单轮的密封拍卖的形式进行。碳排放权的交易数量按照千的倍数进行，但是计价是按照每一配额来计价。参加拍卖的先决条件是：①在 RGGI 追踪系统中建立账户；②完成拍卖的资格审查申请；③填写“出价意愿表”；④提供资金担保。[1]

现阶段，所有的主体，包括公司、个人、非营利组织、环保组织、经纪人以及各类利益团体都可以参与 RGGI 的竞拍。甚至对于美国境外的公司都无条件开放。拍卖每一季度进行一次。拍卖采用密封拍卖的方式，竞标人的申请书和竞标意向将遵照各州法令和拍卖通告的要求被保密。参与过拍卖的合格竞标人在下次参与竞标时将享受一定的便利：如果竞标人信息没有变更，在再次竞标时只要表达竞标意愿、满足资金担保的基本要求就可以了，而不再需要提交新的资格审查申请；如果竞标人的信息材料有变更，则还需要按照拍卖通告的要求再次提交新的资格审查申请。

关于拍卖价格方面，碳排放权的拍卖并没有设定价格上限，但是设定了价格下限。[2]最低价格从 2009 年开始每年根据 CPI 调整一次，价格已经从当初的 1.89 美元上涨到了 1.93 美元（2012 年）。在拍卖时，拍卖的最低价格是按照每一配额为单位进行管理的，但是竞标人的出价必须以 1000 个碳排放权为单位来进行，例如竞买人的出价在 2012 年可以按照 1930 美元、3860 美元、7720 美元的价格递增。碳排放权采用密封拍卖形式，竞买人在拍卖过程中看不到其他竞买人的出价信息。在拍卖过程中，竞买人要严格按

[1] Diamond K. E. , “First RGGI Carbon Allowance Auction Hits a Home Run”, *Natural Resources & Environment*, 2009, 23 (4).

[2] Holt, Charles A. , et al. , “Auction Design for Selling CO2 Emission Allowances Under the Regional Greenhouse Gas Initiative”, *Reports*, 2007.

照资金担保和出价的限额条件进行。当出现超过资金担保限制和出价限额的投标时，该出价的超出限额部分是无效的。当拍卖结束后，市场出清价格将由 RGGI 公司在第二个交易日的上午 10 点于它的主页 http://www.rggi.org 上公布。

（五）分配的条件和程序

分配的条件主要指的是基准年、分配量的计算依据、既存与新设厂、先期行动奖励；分配的程序指的是分配的步骤和流程。

1. 分配的条件

在实践中，排放权免费分配时需要对基准年进行选择、明确分配量的计算依据。分配量的计算依据主要存在历史排放量、能源消耗量和产出三种选择，将在下文具体阐述。这里首先强调基准年的选择问题。基准年的选择也很有技巧：如果选择某一年作为基准年，则代表性会降低。因为在这一年该行业/企业有可能由于外部原因（如贸易壁垒）或突发情况（如地震）而发生急剧的产量变化甚至停产。而如果选择较长的一段时期，如 3～5 年作为基准年，则反映的情况就比较客观一些了。实践中，常用的做法是各部门/企业共同选择它们的基准年，并且根据企业/部门在部门/总的配额中所占的比例来调整各单位在该年度的碳排放权分配量，以使得总分配量不超过限额。这样做的好处在于：由于共同选择较具代表性，单个企业的“不公平感”会降低；对那些产量在各年度间变化较大的企业十分有利。

一般来说，初始分配时对既存厂与新设厂将采用不同的政策。实践中的做法常常是将碳排放权免费分配给新设厂。免费分配的理由是在既存厂商已经免费获得配额的情况下，不应加重新企业的生产成本而使它们打退堂鼓。如果新企业的进入遇到障碍的话，技术的发展将会受到阻碍，这将是政策制定者所不愿看到的情况。因为开发新技术和改进生产方法常常被认为一种有效的减排手段。同样，企业新增产能的决定也不该因为碳成本的增加而被迫终止。理论经济学家们却不大支持将配额免费分配给新企业的做法。他们认为一方面若新设厂能够免费获得配额的话，投资者的决策将受影响，免费得到的配额会被视为投资报酬的一部分。这样新厂的配额可以免费得到，而新增产能的排放量却需要额外付费，将诱使企业产生欺骗的动机，把产能的增加上报为新厂的设立，以获得免费的配额。另一方面，既有企业在原来碳管制不存在的情况下有一些高排放的技术投资难以收回，即存在“搁置成本”。而新企业不存在这些负担。既有企业存在搁置成本难以获得补偿问题；新企业轻装上阵为碳排放权支付一定的对价也未尝不可。总之，经济学家们认为在刺激投资和提高技术方面，是否将配额免费分配给新企业并不会造成差异；但是会对分配效果有很重大的影响，其决定着谁将是碳交易的获益者。

在初始分配时搭配“先期行动者奖励条款”已成为一种趋势。因为大部分国家在碳排放权的初始分配时采用的都是基于历史排放量的免费分配法。在此原则下，先行采取减排行动、排放绩效较高的厂商反而将获得较低的排放额度，形成对早期行动的负面评价和激励，容易造成反淘汰（adverse selection）和不公平的问题。所以为了避免在初始分配时造成对“减排先行者”的不利影响，均会在分配制度设计中搭配适当的奖励措施。如加拿大政府在2007年发布的温室气体与空气污染减量计划中就确认了工业设备在1992～2006年实施的减量行动绩效，预备划拨1500万吨的信用额度预算，针对合法的减量绩效进行一次性的奖励，以解决“减排先行者劣势”问题。[1]

2. 分配程序

参考已有经验，排放权的分配程序主要分为一阶段和两阶段法。美国的“区域温室气体减排行动”仅将调整范围限定于电力行业，再分配是就仅需根据特定企业的生产标准来进行分配。与此不同，英国和欧盟排放权的分配都是分为从行业到设施两个阶段来进行分配的，先根据宏观数据确定参与管制和分配的行业，不同的行业按照可以采用不同的分配办法；特定的产业按比例确定了各自的分配量之后，再按照生产设施的数据来逐一进行分配。举例来说，英国的碳排放权在确定总量之后先在电力、化学、钢铁和玻璃等部门之间进行分配，然后各部门再根据标杆法、祖父法或拍卖法在各生产设施之间分配。采用行业—设施两阶段分配的优点在于能考虑到不同部门间的差异性，能更准确地决定生产设施的需求，避免部门间不同成长预测及状况所产生的竞争扭曲，其和一阶段直接分配的比较具体（见表3.6）。

表3.6　一阶段与两阶段分配程序的比较

分配程序	成本	效益
一阶段 （直接分配给企业）	• 无法考虑到不同产业的成长特性、面临的国际竞争形式 • 任一设施分配的改变都必须调整所有设施层级的分配	• 使用一定的方法，可保证设施间的公平 • 不须建立不同部门的标杆与处理方法，节约行政成本 • 改变设施的分配时，只涉及该部门

〔1〕 Ambrosi K. C. A. P. , “State and Trends of the Carbon Market 2007”, *World Bank Institute*, 2008.

续表

分配程序	成本	效益
两阶段 （行业－企业）	• 对政府而言较复杂费时 • 较不透明 • 部门间的竞争可能会影响制度的效率	• 避免部门间的差异，能更准确地决定设施层级的需求 • 能考虑到不同部门间的差异性

资料来源：Defra（2007）.

综合以往的经验，两阶段的分配程序可以化解为以下几步骤：①界定参与行业或部门；②计算出整个交易制度以及各行业的配额总数，将配额初步分配给体系内的生产设施；③调整各生产设施的配额量，以使得行业的总配额与国家整体的要求相一致。分配的过程同时还要充分重视公众的意见，举行各种形式的听证。该过程将集中于交易体系的参与者中，并且可能充满了部门为了获得更多利益而进行游说的活动。当然并不是所有的配额分配都必然包含这三个步骤。有时分配可以针对生产设施直接进行，而不需要界定参与的部门或行业。另外需要注意的是，在整个分配体系内并不需要从始至终都采用一种分配方法。可以在行业间分配时采用一种方法，然后在行业内的生产设施间分配时又采用另一种方法。如何选择就在于在方法的价值和所耗费成本之间的权衡。

（六）其他

初始排放权分配所涉及的其他议题还包括对特殊情况如关厂停产的处理、政府保留量、排放权的期效等问题。[1]欧盟成员国目前

---

〔1〕 李坚明、黄宗煌："排放交易、厂商最适投资决策及经济成长"，载《农业经济》2001年第1期。

针对停业者的处理方式主要有以下三种：①生产设施一旦停业则撤销碳排放配额，在下一阶段的配额分配中也将丧失资格，芬兰和西班牙采用的就是这种做法；②停业设施的排放配额可以转移给新设厂商使用，该做法以德国为代表；③设施停业可以继续拥有排放配额，以荷兰和瑞典为代表。而政府为了特定目的，还可以将排放总额中的一定量保留起来以备不时之需。在美国的 RGGI 项目，当局就将总配额的 25% 保留起来以供特殊情况使用，前面提到的对“先期行动者”的奖励就来源于保留的配额。此外，排放权的期效和交易制度的实施阶段密不可分，如欧盟每一阶段都会对排放配额进行重新分配，也就是配额仅在当前阶段有效。

第四章　碳排放权初始分配的重点：分配方式

一、碳排放权分配方式之一：免费分配

免费分配指的是管理当局按照一定的规则来分配碳排放配额，企业无需为此支付相应的费用的分配方式。由于免费分配非但不增加现存企业的成本，反而为企业增加了一笔可以在市场上出售的资产。因此其很容易被企业接受，在实施过程中较少受到来自企业的阻力，是在碳交易制度实施的初期常采用的分配策略。按照碳排放权分配所依据的数据来源时间的不同分为溯往制和更新制。“溯往制”指的是碳排放权的发放以行业或企业的历史排放数据（historical activities）为依据的分配法则，又常被称为祖父制（grandfathering）。“更新制”指的是碳排放权的发放以行业或企业的当前或未来预测排放数据（current or future activities）为依据的分配法则。溯往制是实践中最常采用的分配法则，下文首先将要论述的也是此种分配方式。

（一）运用历史数据的溯往法则

1. 溯往制的定义

溯往制是指碳排放权的初始分配应由参与者（行业/企业）在特定历史时期的活动，或超出个体层面的当前活动数据来决定的一

种分配法则。在运用溯往制进行分配时，有两方面的问题必须明确。① 分配的依据。这是指分配依据何种历史活动指标，常见的有碳排放量、产出及消费量。②分配的基准年。这是指将依据哪个历史时期的数据来进行分配，常见的有某一历史年份、3～5 年的一段历史时期。[1]

2. 分配的依据

在碳排放权分配过程中，常见的分配指标主要有三种：碳排放量、产出及消费量。

（1）碳排放量。企业要进行生产活动就必然要产生一定量的碳排放，而排放量的大小实际上和企业的所属行业、类型以及规模等因素有着必然的联系，正常情况下难以在短时间之内发生急剧的改变。基于碳排放量与企业生产之间的这种规律性的联系，各国常把企业的历史碳排放量作为其在目标年进行分配的重要依据。可以说，将历史年度企业碳排放量作为分配依据是所有分配法则中最为简明的一种。因为如果只有二氧化碳排放量被包含在交易体系中，该排放量是比较易于测量和监控的。

（2）产出。若以企业的产出作为分配依据，那么目标年企业所得到碳排放配额的计算方法通常是：生产设施（installation）的产量×某种形式的排放因子（emission factor）。排放因子可以通过很多种形式来决定，如个体层面的、行业层面的或技术层面的。前文介绍的以二氧化硫排放权为交易对象的加州 RECLAIM 项目采用的就是此项指标来进行分配。令人遗憾的是，无论是以哪种形式计算

[1] Zetterberg M. A. A. L.，"Options for Emission Allowange Allocation under EU Emissions Trading Directive", *Mitigation and Adaptation Strategies for Global Change*, 2005.

的产出，只要交易体系所覆盖的“产品”具有较大的差异性，那么此种方法通常都会遇到困境。我们很难想象将一吨钢和一吨纸的产量来加以比较，更不用说纸产品以下还有更多的细分了。

（3）消费量。基于企业生产所需的资源消费量来分配的方式可以避免以产出为标准的分配方式所带来的各种弊端。最常用于计算分配量的投入资源是企业所使用燃料。因为燃料是最常使用的资源，同时也比较方便计算。但是以消费量为依据的分配法则有可能会不利于那些能源利用率比较高的企业。假设有两个以天然气为燃料的发电企业，一个企业用100兆焦耳（MJ）的气可以发40兆焦耳（MJ）的电，另一个企业用100兆焦耳（MJ）的气可以发45兆焦耳（MJ）的电。如果使用消费量为标准来进行分配，尽管第二个企业有更高的能源利用率并且生产了更多的电力，最终这两个企业所获得的排放配额都是一样的。由此我们可以看出，此种分配方式并不利于刺激企业对能源的节约使用、提高能源利用效率、减少二氧化碳的排放。而这些正是碳排放权交易政策的设计初衷。所以以消费量为依据的分配法则并不为规制者所青睐。

3. 基准年的选择

我们知道碳排放权的分配一般是依据参与者（行业/企业）在特定历史时期的活动所决定的，而这些“特定历史时期”又是通过什么方式来选定的呢？这个问题就关乎碳排放权分配基准年的选择。一般来说，“基准年”可以是指定的某一年度、连续的几年或者是通过特定方式选定的特定几年。在选择基准年时，需要着重考虑两方面的问题：这些年（份）对于行业/企业活动来说是否具有代表性；对于那些在基准年之前还没有减排行动的生产设施会产生怎样的影响。关于这个主题我们将在下文对各种具体分配方式的介绍中继续讨论。

由于溯往制的分配方法主要采用的是将生产设施的排放量和产出作为依据，下文将对这两种方法逐一进行介绍。

（1）将历史排放量作为指标的分配。某生产设施在交易的起始年分配所得的碳排放权量等于其所在部门配额的总量乘以该设施于基准年在部门排放量中的所占的比例。其中的“特定年”一般指的是碳交易制度的起始年。这种分配方法也即通常意义上的“祖父制”（grandfathering）。[1]计算公式是：

$$A_{installation_T} = \frac{E_{installation_{baseyear}}}{E_{sector_{baseyear}}} \times A_{sector_T}$$

A：碳排放权数量（allocation）

E：碳排放量（emissions）

T：交易的起始年（start year for trade）

A_{sector}：特定行业的碳排放权总分配量

baseyear：基准年

此种方法最重要的问题就是如何选择基准年。基准年可以是特定的一年或几年，排放权分配依据在此基准年中生产设施的排放量及其在部门总排放量中的比例来确定。基准年的选择对经济活动的影响是很重要的。[2]如果选择较早的时期作为基准年，则较早采取

〔1〕 Cramton P.，Kerr S.，“Tradeable Carbon Permit Auctions：How and Why to Auction not Grandfather”，*Energy Policy*，2002，30（4）.

〔2〕 Burtraw D.，Evans D. A.，“Tradable Rights to Emit Air Pollution”，*Australian Journal of Agricultural and Resource Economics*，2009，53（1）.

减排行动的企业会获益并受到鼓励；但是此种选择也会遇到一些问题：基准年里的各项生产情况可能已经和分配当年产生了比较大的变化，会有更多的企业被视为“新进入者”，较难获得可靠的经济数据。如果选择较近的时期作为基准年，则“新进入者”问题会较少，生产情况改变较少，获得的经济数据也比较准确，可以降低企业的搁置成本，但问题是对于早期行业/企业的减排行动的奖励会比较少。

基准年时间的长短也会对各生产设施造成不同的影响。只选择特定的一年作为基准年，则代表性会降低。因为在这一年该行业/企业有可能由于外部原因（如贸易壁垒）或突发情况（如地震）而发生急剧的产量变化甚至停产。而如果选择较长的一段时期，如3~5年作为基准年，则反映的情况就比较客观一些了。实践中，常用的做法是各部门/企业共同选择它们的基准年，并且根据企业/部门在部门/总的配额中所占的比例来调整各单位在该年度的碳排放权分配量，以使得总分配量不超过限额。这样做的好处在于：由于共同选择较具代表性，单个企业的“不公平感”会降低；对那些产量在各年度间变化较大的企业十分有利。

祖父制的优势是很明显的。首先，分配标准统一。所有排放源均依据选定的基准年排放量进行分配，易于理解，所需要的数据信息也较少。其次，可以提高政策接受度。免费分配使企业获得了一笔额外的财富，可降低产业部门的阻碍，在政策实施初期有提高政策接受度的积极作用；[1]对企业来说最接近无碳交易机制的情景，

---

〔1〕 Kim Keats Martinez, Karsten Neuhoff, “Allocation of Carbon Emission Certificates in the Power Sector: How Generators Profit from Grandfathered Rights”, *Climate Policy*, 2005, 5 (1).

可以最大程度上减少企业的搁置风险。再次，可以补偿新公共政策可能具有的潜在伤害。依据历史排放量进行无偿分配，具有补偿排放源面临现行管制措施的政策合理性，以及避免民众产生认为其遭受新产业政策伤害的认识。

当然，祖父制也存在一些问题。首先，因为它以过去的排放记录作为分配额度的考察依据，要求掌握各排放源准确的历史排放数据。而如果分配基准年远离排放交易实施年度，会出现缺乏最近几年的排放资料，容易丧失分配额与实际排放量之间的关联性的问题。例如欧盟从 2005 年开始实施碳交易，而各成员国关于基准年的选择各不相同，介于 1998 ~ 2002 年之间，平均相差 4 ~ 5 年。其次，由于历史排放记录和即将获得的配额是正相关的，这就使提前采取减排行动的企业难以获得奖励，反而前期污染严重的企业能够获得较多的排放配额，使得企业减排的积极性受到打击。再次，祖父制容易造成某种形式的不公平。[1]对新进入企业和歇业/关停企业来讲：一方面，新排放源缺乏历史排放数据，难以获得免费的配额，其将不得不去市场上有偿购买。另一方面，面临淘汰的企业也许会重新考虑它们关于歇业/关停的决定。为了获得被视为额外利益的配额，面临淘汰的企业也许会选择继续生产和排污，这与排污交易本身的减排目标是相违背的。另外值得一提的是，祖父制给企

---

〔1〕 Rose and Stevens (1993) 指出此种方式使得免费发放的碳排放权没有回收收益的机会，可能会产生不公平的问题。当政府将排放权发放给各企业时，这些企业的职工、消费者与当地经济并未获得利益。虽然理论上可以根据溯往原则将排放配额发放给劳工、消费者等利益相关者，但要达到完全的配置效率则又较难执行。为克服这种不公平的风险，政府必须进行“分配评估”，这将提高制度的行政成本（Hepburn et al., 2006）。

业带来一笔额外的利益，会导致一些企业的行为发生扭曲，甚至会产生不同的一般均衡效应。因为政府不能从配额的出售中获得财政收入，就使得诸如为劳动者减税的公共政策缺少了经费支持。而如果企业被外国股东所控制，从祖父制分配方式中额外获得的收益可能会被外国股东所占有，由此对汇率和贸易产生不利影响。

（2）将产出作为指标的分配。一个交易体系内的生产设施的产出形式是多种多样的，可以按行业来分类，可以按产量来分类，甚至可以按数量来分类。若是希望以产出为指标来进行分配，就必须找到能够对产品进行度量，进而使它们具有可比性的尺度或参照物，在排放权交易体系中我们将其称为“标杆”（benchmarks）。一般来讲，此种方法是将特定生产设施的产量作为指标，参照行业标杆的排放量，根据总配额数来进行调整的分配方式。计算公式如下：

$$A_{\text{installation}} = P_{\text{installation, prod. } year} \times \mathrm{e}_{\text{sector, baseyear}} \times \mathrm{f} \quad (1)$$

其中：

$$\mathrm{e}_{\text{sector, baseyear}} = \frac{E_{\text{sector, baseyear}}}{P_{\text{sector, baseyear}}} \quad (2)$$

A：碳排放权数量（allocation）

P：产量（production）

E：碳排放量（carbon dioxide emissions）

e：特种排放量（specific emission），一般以单位产品的碳排放量来计算

baseyear：基准年

prod. year：分配所依据的产量年

f：规模因子，用于调整生产设施的碳排放权以保证行业内所

有设施配额的加总不超过行业上限。规模因子在分配时已经确定，所以在该部门分配时已经为各生产设施所知悉。规模因子（f）的计算公式是：

$$f = \frac{A_{sector}}{E_{sector,baseyear}} \tag{3}$$

综合上述（1）式、（2）式和（3）式，可以将配额的分配公式简化为：

$$A = \frac{P_{installation,baseyear}}{P_{sector,baseyear}} \times A_{secto} \tag{4}$$

由（4）式可知，在行业配额总数已知的情况下，不需要行业的碳排放数额就可以计算出单个生产设施应分得的配额数。

在上述计算法则中，有两个概念必须要加以明确，即“标杆”和“特种排放量”。

“标杆”（benchmarks），也被称为“基准”，其定义将在分配体系中起到关键的作用。它是用来分配的参照物，确立高效能的标杆将为整个行业的节能减排起到重要的示范作用。按照欧盟的经验，标杆的起点是该行业中效率最高的10%的装置的平均温室气体排放量，必须考虑效率最高的工艺、替代品和替代生产流程。[1]在可能的情况下，会针对每个产品设立标杆。标杆设定的原则基础是“一个产品＝一个标杆”（每吨某产品，如玻璃或钢材，排放二氧化碳为X吨）。也就是说，标杆的设定与所采用的技术、燃料、装置的规模或地理位置等因素无关。欧盟的经验告诉我们，标杆的确立或多或少是欧盟委员会和相关行业或企业之间讨价还价的产物。

〔1〕 Ziesing Hans-Joachim，“Europe's Emissions Trading System”，Working Paper，2011.

“特种排放量”（specific emission）是一个与“标杆”相关联的概念。[1]为了将规模、排放量各不相同的设施加以比较，必须找出它们的产品与排放量之间的某种关联，“特种排放量”的概念便应运而生。它指的是单位产品的碳排放量。例如在造纸行业，“特种排放量”指的就是生产每吨纸所排放的二氧化碳量。这是一种衡量各类生产设施效能的有效尺度。为了促进企业进一步节能减排，各行业的“特种排放量”都是根据“标杆”的排放水平来确定的。这就使得在所有其他条件都相同的情况下，只有标杆设施能够获得其所需要的配额。而其他较高排放的设施将不会获得足够的许可，要么采取减排措施，要么购买额外的排放许可来满足超额排放。

要运用标杆法，那么如何确定标杆以及在企业的产品和生产流程之间存在可比性是十分重要的条件。而确定标杆的一个首要原则，就是要识别出对所有的交易设施来讲都可以和二氧化碳排放量相关联的一个用以比较的单位尺度。[2]碳交易的目的是减少二氧化碳的排放，所以“标杆”的确定也应当有助于使得最具效益的企业获得激励。使最具效益的企业获益的办法最受欢迎，但问题是如何识别并界定分配中所使用的衡量尺度（comparable measures）？前文我们将其简单理解为“产品”。而实际上可供的选择除了物质产出（output）以外，还有消费量（input）和经济尺度（economic measure）。

---

〔1〕 Groenenberg H., Blok K., “Benchmark-based Emission Allocation in a Cap-and-trade System”, *Climate Policy*, 2002, 2 (1).

〔2〕 Matthes F. C., “Allocation Based on Benchmarks under the EU ETS”, Working Paper, 2009.

若用设施的物质产出来评价，产品的数量即产量是主要的标准，例如 X KWh 的能量或 X 吨生铁。只有在“单位产量”确定之后，才能对一组设施或行业的效能进行比较。在某些行业，这比较简单。能源行业中，可以以 1KWh 的电能或热能作为单位。但在大多数行业，这确实比较困难。产品间存在巨大的差异性、各生产设施负责不同的生产环节，这些情况使得横向的比较变得困难。即便是将各部门再做更细致的划分，也不能完全消除这种难度。

若用设施的消费量来评价，正如上文所述不利于刺激企业对能源的节约使用，不利于提高能源利用效率，不利于减少二氧化碳的排放。而这些恰恰是碳排放权交易政策的设计初衷。所以并不为规制者所青睐。

若用经济尺度来评价，可以考虑设施的毛增加值（gross value added）、产值（production value）以及工作时间（working hours）。不同于“每吨产品二氧化碳排放量”的表述，标杆将以“每毛增加值所产生的二氧化碳排放量”“每单位产值二氧化碳的排放量”或“每单位时间二氧化碳的排放量”的形式出现。运用这些经济尺度将使得标杆法在诸如造纸、钢铁等产品差异性较大的部门更易于被掌握。但问题在如何确定单个设施的毛增加值和产值时也会存在。

运用经济尺度来衡量标杆是一种不错的方法，特别是在全国或整个交易体系范围内分配排放配额的时候。要找到一个在整个交易经济体内所有部门都通用的产出评价尺度是很困难的，而经济尺度是可行的方法之一。相较于“毛增加值”和“产值”，在行业层面上运用“工作时间”来界定标杆及相应的“特种排放量”是个不错的选择。

标杆法被认为是一种非常重要的分配方式，在实践中得到了广泛的运用。欧盟工业部门的配额分配主要采用的就是基于历史前期数据的标杆法，只有在标杆法难以运用的行业，祖父制等其他方法才将会被考虑。欧盟和日本的相关经验也证明了在免费分配方式中，标杆法是较公平、可行和有效的，是值得推广的政策经验。一般认为，标杆法的主要优势在于其有利于企业提高竞争力、避免陷入碳泄漏的风险。

竞争力是碳排放配额分配过程中需要慎重考虑的一个问题。尽管拍卖法被认为是最有效的分配方式，但是基于其会对本国产品的国际竞争力产生负面影响，因而并未被广泛使用。标杆法在这方面显示出了优越性，在所有分配方式中其对厂商的生产活动影响最小。各生产单位无需顾及对后期分配数额的影响而改变它们淘汰落后产能、提高技术以及降低排放的决策。在标杆法分配之下，在减排技术上落后于“标杆”的厂商基于生产的需要就不得不自费去市场上购买碳排放权，这会刺激它们尽快做出降低排放量、改进技术的决策。[1]

避免碳泄漏是碳排放配额分配过程中需要慎重考虑的另一个重要问题。碳泄漏指的是因为一国/地区存在温室气体管制政策，引起其中工业企业生产成本增高、竞争力降低，最终导致它们向没有碳管制政策国家/地区转移的现象。碳排放交易制度设立的目的是要以低成本、高效率的方式刺激企业降低碳排放量。该政策为了实

---

〔1〕 Egenhofer C., Georgiev A., “Benchmarking in the EU: Lessons from the EU Emissions Trading System for The Global Climate Change Agenda”, *Centre for European Policy Studies*, 2010.

现该目的就要利用价格机制：通过碳排放权的有偿使用来提高能源利用的机会成本，引发产品价格的上涨，促使消费者购买低排放、低耗能的产品，刺激生产者投资开发更加节能减排的技术。可是，当碳成本难以在国内或国际上传递时，价格信号就会发生扭曲，工业部门将不得不自行为碳成本埋单。这会使碳交易政策带来的益处大大降低，同时会影响产业的国际竞争力，最终导致碳泄漏。为了避免这个问题，很多国家都倾向于采用无偿的初始分配方式。因为无偿分配可以对这些面临碳泄漏的企业提供补偿，甚至可以说是补贴，这可以有效地增强企业留在原地继续生产的决心。当然，这个补贴也不能太过，否则容易引发贸易的争端，而这个补贴的水平就很大程度上受到标杆设置的影响了。所以标杆的设置会影响补贴水平，进而对企业的竞争力造成影响。

标杆制的实施也面临很多的障碍。在采用标杆制时，将要面对复杂的产品和生产流程，对此做出解释和说明是很困难的。欧盟委员会为了保证标杆的有效性和科学性，在制定过程中召开了无数次的听证会和咨询会，同时聘请顾问和专家来参与整个标杆的制定过程。如果政府打算采用标杆制，则必须清醒地意识到为此所必须付出的艰苦的前期准备工作，并且为与企业的双边谈判提供足够的时间，甚至要做好因此而拖延分配的准备。

4. 小结

从上文可知，溯往制最主要的两种分配依据是历史排放量和产出量，以祖父制和标杆制为代表。无论是依据哪种标准来进行分配，都是各有其利弊的。祖父制是以厂商过去的排放量为基础的分配方式，属于定额支付（lump-sum payment），优点在于其将增加厂商的资产价值，可以提高碳排放交易制度的政治接受度。但是祖父制也可能产生负面激励：如果依据目前的排放水平来分配未来的排放权，将诱使厂商排放更多二氧化碳，以获得更多碳排放权；同时对新设厂造成限制与不公平，将延迟厂商淘汰落后产能的速度。

以产出为依据的分配方式，是根据设施的产能与标杆值来免费分配排放权，厂商获得的排放配额会随着时间与厂商活动的改变而改变。产出制常用的方法是标杆法，其优点在于鼓励厂商降低单位产出的碳排放量，对产品的价格扭曲较小，可降低贸易竞争对产业造成的压力。不过，标杆制虽然在实践中广受推崇，但在实施过程中需要更多的资讯和精力，必须要清醒地认识到为此付出的努力。当然，尽管各种分配依据所带来的利弊各有所不同，David et al.(2002）研究指出，无论溯往制分配以何为依据（排放量、产出或消费)，对交易制度的有效性与部门成本都没有太大的影响。

表 4.1　溯往制下不同分配依据的利弊比较

分配方法	优点	不足
将历史排放量作为指标的分配	• 总体的经济成本较低 • 分配标准统一，易于理解 • 政策接受度较高 • 减少企业的搁置风险	• 不符合社会正义的要求 • 历史数据可能已经过时 • 容易形成进入障碍 • 对国际贸易造成不利影响
将历史产出作为指标的分配	• 不存在红利效应（特别针对电力行业） • 能够有效地降低对产业国际竞争力的不利影响 • 降低碳泄漏的风险	• 和拍卖及祖父制相比，经济效率性不足 • 需要的信息和投入的时间较多

续表

分配方法	优点	不足
将历史消费量作为指标的分配	• 方便计算 • 实施成本较低	• 不利于那些能源利用率比较高的企业 • 不利于鼓励企业节约能源、提高能源利用效率 • 有违减少二氧化碳排放量的政策初衷

资料来源：本研究整理。

（二）运用当前数据的更新法则

1. 概述

更新制（updating）指的是碳排放权的分配是基于那些企业能够改变的生产活动的分配方式，例如基于设施当年或对下一年生产活动的预测数据而进行的分配。更新制的分配依据类似于“溯往制”，可以采用碳排放量、产出及消费量等生产活动的数据。其中“产出”是最常采用的分配依据。也正是因为这个原因，很多人将更新制误认为就是依据未来产出对配额进行分配的方式。

更新制的关键在于，参与企业能够通过改变它们当前的生产活动来对未来的配额分配造成影响。若交易体系在进行配额分配时，直接采用的是当年生产活动所产生的预测排放量数据，则是典型的更新制方法。另一方面，若是在交易体系运转过程中，配额可以基于实施年之后的生产数据进行重新分配，我们也可以认为它采用的是“更新制”。例如，瑞典于2005年开始实施该国的碳排放权交易制度，实施分配时依据的是1990年的数据。之后，在2008年时该体系采用2006年的生产数据对配额进行了重新分配，即被认为采用了“更新制”。此外，分配也可以依据预测的生产活动情况而预先进行，在交易开始后可以根据生产设施的实际情况重新进行核证，若是有多余配额将被收回。不过该种做法在实践中较少使用，因为按照欧盟相关指令的要求，配额的总数应当在事先予以确定。

遗憾的是，许多研究都认为在配额分配时采用更新制是不必要的，因为它会扭曲市场、降低经济效率。研究者们认为，最有效的降低温室气体排放量的方法是在降低单位产品的碳排放量（specific emission）的同时，还能抑制最终产生排放量的产品的产量。而基于产出的分配体系，在鼓励降低特别排放量的同时，却刺激了产量的提高。因为产量的增加可以带来配额的增加，这变相鼓励了增产，造成了产品价格的降低。Harrison and Radov（2002）指出为了达到既定的碳减排目标，更新制比溯往制需要更高的成本。当然，所有的这些论证都是建立在完美市场的假设之上。而现实的经济条件与假设大不相同，情况千差万别，所以更新制的方法未必如学者们论证得那么苍白。在与祖父制、拍卖制和更新制的比较中，更新制在对交易有效性的影响方面表现最差；而在对管制部门的影响方面，仅在交易成本上表现最好，在其他如行政成本、遵行成本上表现最差。

当然，我们也应当看到更新制具有优势的方面。它可以在刺激产量的同时，带来更多的劳动机会、促使产品价格的降低；能够使分配根据工业结构、产品或生产流程的变化而作出调整，这些方面的优越性是其他任何分配方法都比不上的。更何况很难说哪种分配方式绝对不需要任何形式的更新。近年来，关于整合祖父制与更新制的观点层出不穷。在对祖父制、拍卖制和更新制三种分配方式对美国电力部门影响的模拟分析中发现，更新制带来的绩效最佳、造成的碳泄漏风险最小、带来的电力价格较低，从而被认为具有政策上的优势。

2. 典型运用：将当前产出作为指标的分配

以当前产出为指标的分配方法（Output-Based Allocation，简称OBA），指厂商按照它们当前的产出水平按比例获得碳配额。由于当前的产出水平是企业能够改变及影响的，所以被认为是更新制的一种典型运用。类似于溯往制下的产出分配法，OBA也常与标杆法结合起来使用。标杆的设定可能是基于所有厂商的平均绩效、前10%的平均绩效或最佳厂商的效率标准等。当排放配额总量为TA时，若平均分配给n家企业，m种产品，当i公司生产j产品的数量为$prod_{i,j}$时，排放配额分配步骤如下：

密集度在标杆水准下，生产一单位j产品的排放量为bm_j；

设定单位产品的排放系数，再根据产量分配，i公司生产所有产品的排放配额数为$BM_i = \sum_{j=1}^{m} prod_{i,j} \times bm_j$，排放权分配给每家公司与其标杆排放水准成比例，因此，分配给i公司的排放配额数为

$$PA_i = \frac{BM_i}{\sum_{i=1}^{n} BM_i} \times TA$$。

纯粹的OBA在实践中运用较少，但是欧盟等成员国的初始分

配方式中或多或少都有 *OBA* 的某种因素在其中。[1] Damien Demailly (2008) 指出，在祖父制、拍卖和以产出为依据的分配方式中，前两者可以产生较优的产出水平和单位排放量，而 OBA 将导致过多的产出，同时较前两者的碳交易价格会更高。但是很多参与者都青睐 OBA 分配方式，原因在于：首先，厂商的生产活动受到的影响较少，对就业情况的影响也不显著；其次，此种分配方式下产品价格的上涨幅度较小，对消费者更有利；再次，OBA 可降低通过碳泄露所造成的竞争力减损。总之，OBA 分配方式激励企业通过降低单位产品的排放量来达到减排的目的，厂商通常可以通过改进技术的方式来达到这一点，这使得此种分配方式更受企业的欢迎。相反，在祖父制和拍卖制下，部分排放量的削减是通过降低产品的产量来达到的，这会引发部分厂商的不满。[2]

总之，OBA 分配方式对部分高效率的厂商而言，没有排放配额的购买成本，同时不会对低效率的产业与快速发展的企业造成负面影响，因而容易被企业所接受，也不会牺牲环境的有效性，是目前许多欧盟国家分配计划常用的分配准则，对其的评价如表 4.2 所示：

---

〔1〕 Demailly D., Quirion P., "CO2 Abatement, Competitiveness and Leakage in the European Cement Industry under the EU ETS: Grandfathering versus Output-based Allocation", *Climate Policy*, 2006 (6).

〔2〕 Damien Demailly P. Q., "Changing the Allocation Rules in the EU ETS: Impact on Competitiveness and Economic Efficiency", *Ssrn Electronic Journal*, 2008.

表 4.2　对以当前产出为指标的分配方法的评价

特色	需注意之处
• 已进行先期行动的公司容易达到排放目标 • 产出成长高的公司能获得更多的排放配额，产出稳定或减少的公司得到的排放配额较少 • 新进入者以相同的方式取得碳排放配额，符合公平原则 • 在总量限制的交易体系之下，总配额不会随着厂商产出的增加而增加，企业必须减少单位产品的排放配额，促使它们提高设备的效率	• 需要更多资讯来建立标杆的效率标准，分配复杂性高 • 由于关于历史产出水平的资料有滞后现象，预测的产出水平不一定能反映目标年的真实生产水平 • 没有限制产出以减少排放量的政策效果

二、碳排放权分配方式之二：拍卖

拍卖制被认为是碳排放权初始分配方式中非常有吸引力的一种选择。在欧盟 ETS 的规定中，第一阶段将有将近 5% 的配额以拍卖的方式来发放，在第二阶段该比例将提高至 10%，在第三阶段欧盟将在电力部门全部采用拍卖制来进行分配。[1] 事实上，关于是否应该大规模采用拍卖制是存在一定争议的：一方面是经济理论学家们一边倒地赞成采用拍卖制，另一方面是来自工业界的一致反对。前者赞成的理由主要是从促进经济效率、提高分配公平度等角度来考虑，而工业企业反对的理由主要是认为拍卖制会造成成本的提高、

[1] Anna TÖrner，“Benchmark in the EU：Lessons from the EU Emissions Trading System for the Global Climate Change Agenda”，*Centre For European Policy Studies Brussels*，2010.

影响产品的国际竞争力。当然，关于这一问题的讨论还涉及具体的实施环境、拍卖的设计方案等因素的综合影响。下文我们就将对拍卖制的优势、引入的困难以及如何更好地设计拍卖制几个问题进行讨论。

（一）选择拍卖方式的理由

1. 相较于免费分配，拍卖制更符合法治的要求和原则

从法学的角度来看，碳排放配额实际上就是针对温室气体的环境容量资源的限量使用权。[1]以环境容量为客体的排污权被认为是一种特殊的准物权，应得到法律的保护。碳排放权分配的过程可以被看作是将“温室气体的环境容量资源的限量使用权”——该种准物权分配的过程。尽管有人对碳排放权存在的合法性提出质疑，认为是非法赋予企业任意排污的权利，而拍卖更是一种明目张胆地叫卖公共权利的做法。但当我们认真分析，会发现这是一种误读。碳排放权像现存的矿业权、水权和渔业权一样，是为现在业已存在的污染和破坏环境行为划上一道边界。在民事法律中，“法未明文禁止即被允许”尊重了人们行动的自由。法律并没有明文禁止会带来污染的生产行为，所以这些生产活动本身都是被法律所允许的。当然，生产活动所带来的污染必须被管制，所以这就有了碳排放权存在的必要——给生产的行为划定一个门槛，以防止过度污染的现象发生。

和祖父制相比，拍卖显然更符合“污染者付费”的法律原则。“污染者付费”原则是指对环境造成污染的组织或个人，有责任对

〔1〕吕忠梅：“论环境使用权交易制度”，载《政法论坛（中国政法大学学报）》2000 年第 4 期。

其污染源或被污染的环境进行治理。该原则由于体现了环境正义与责任公平的精神，自 1972 年由经济合作与发展组织首次提出以来，很快被一些国家和国际条约采纳为环境法的一项基本原则。例如《1969 年国际油污损害民事责任公约的 1992 年议定书》规定，船舶所有人应对船舶的漏油或排油对缔约国领土（包括领海）所造成的损害以及所采取的任何预防措施的费用，承担严格责任。碳排放是对大气环境的一种污染，按照“污染者付费”原则，理应由厂商来对排放行为造成的污染承担费用。而免费分配方式是将配额无偿分配给企业，甚至还会带来企业的额外利益，是不符合该原则的。

另从竞争法来考量，通过拍卖来分配碳排放权也更加公平。祖父制通过免费分配的方法给予被管制企业一笔金额可观的补贴，这对同行业中未被纳入交易体系的经济主体是不公平的，容易引发不正当竞争问题。同时，对于处于国际竞争中的行业，如钢铁产业，若配额分配过量还容易引发国际贸易争端。而拍卖制可以通过提高交易主体的经济成本、消除过度补贴来有效地解决该问题。

2. 拍卖制可以有效地降低分配过程中所产生的交易成本

碳排放权的分配实际上就是有价财产权的分配过程，其中的交易成本不容小视。以欧盟第一阶段的国家分配方案为例，该方案以免费分配为主，共涉及价值500 亿欧元的碳排放权（以每吨平均20欧元来计算）的分配，各方都对分配结果非常重视，在谈判方面花费了大量的精力。谈判涉及的主体包括企业、政府以及各类研究咨询机构，内容是关于如何分配的决定。因为主要采用免费分配方式，在涉及如此巨大金额时，分配的过程就演变得类似于政治谈判。为了最大化自己的利益，谈判方的代表都利用各类资源来进行政治游说，产生了巨大的交易成本。

拍卖可以减少免费分配所产生的游说现象，降低分配过程中所产生的租金消散。[1]实际上在分配时，厂商和政府都是有顾虑的：企业一方面担心在分配中吃亏，尤其是当缺乏政策信息和交易经验的时候；另一方面又对配额在未来的产权缺乏信心。政府则担心分配中会产生不公平的现象，引发社会矛盾。为此，规制者会非常重视分配过程。免费分配时，政府将花费相当大的精力来设计分配过程，以保证结果的公正和有效。比如，标杆制正取代祖父制得到越来越广泛的适用。在此种情况下，免费分配方式正变得越来越复杂，由此将导致交易成本的不断增加。而拍卖制将打消双方这方面的顾虑，帮助企业和政府都重新回到它们的本职工作：企业可以在下一轮拍卖中重新调整它们的策略，改变不利的初始状态；政府也可以让价格机制发挥作用，不再需要承担分配决策产生的诸多风险。当然，拍卖制本身也会产生其他的交易风险，这就需要慎重地对待拍卖机制的设计问题。

3. 拍卖能够为二次分配提供资金，实现更公平的分配

一般认为，免费分配会使得该制度产生的红利过多地向部分被管制企业倾斜，对社会整体福利增进不大。在碳排放权总量管制政策下，企业生产成本会上升，厂商倾向于将增加的这部分成本转移到消费者的身上。至于转移的比例将取决于市场结构。当配额是免费得到时，某些部门如发电厂将获得一笔额外的红利。欧盟的经验

[1] Lopomo G., Marx L. M., Mcadams D., et al., "Carbon Allowance Auction Design: An Assessment of Options for the United States", *Review of Environmental Economics and Policy*, 2011.

证实，电力企业通过祖父制在初始分配中获益良多。而至于其他参与交易体系的企业是否获利则取决于两个因素：它们是否获得足够的配额、国际竞争中是否存在将交易成本转嫁的限制。这对于不同部门、同一部门的不同企业都显现出不同的影响。对于那些没有被纳入交易体系、未获得配额补贴而又用电需求大的部门，如铝行业，将由于提升的电价而遭遇高昂的成本。

拍卖能够使得碳排放权所产生的利润得到更公平的分配。由于拍卖本身会使得政府获得一笔可观的收入，管制者可以将这部分收入进行再分配，改善初次分配造成的不公平现象。政府可以将此笔收入用以降低其他税收，如个人所得税；可以将此笔收入用以直接补贴国内消费者，以降低产品提价所造成的损失[1]；可以将这笔收入设立某个基金，专门用以资助和鼓励低碳技术的开发和环保企业的发展。这些举措本身还会增进公众对碳交易制度本身的认可和支持。所以说，拍卖制使得配额分配本身更加自由和透明，可以帮助碳交易所产生的红利得到更公平的分配。

4. 从长远来看并不会影响产业的国际竞争力

一种普遍的观点是，拍卖制会提高国内产品的生产成本，给下游企业造成负担，影响本国产业的国际竞争力。但是，对拍卖将导致高电价的指控是不成立的。只要企业是以盈利最大化为目的，那么即便在免费分配的情况下，它们也会将配额的机会成本转嫁给下游消费者。这种情况已经通过欧盟的实践得到了证实。在免费分配时，电力企业提高了电价，获益的是电力企业的股东，社会福利并

[1] Cameron Hepburn（2004）指出，从免费分配过渡到拍卖制并不会对被管制厂商的产品价格造成太大的影响。

没有得到改善。另外，很多被管制行业（如电力企业）并没有如人们所预计的那样，面临直接的国际市场竞争，拍卖并不会对它们的产品竞争力造成影响。

当然，对于那些面临成本的显著提升以及暴露在激烈的国际竞争中的行业来说，压力是肯定存在的。这些行业包括水泥、钢铁、非铁金属以及一些化工部门。尽管从祖父制到拍卖形式的转变并不会对边际成本带来太大的影响，但是仍然会影响公司的总收入。[1]免费分配给予的一次性补贴，可以让企业在面临高运作成本时仍然保持不错的资产负债表。拍卖制确实会降低补贴的水平。但是，不要忘记这种补贴只是临时的。对于着眼于长远的企业来说，从祖父制到拍卖制的转变并不会对它们的国际竞争力造成本质上的影响。[2]

5. 拍卖制可以有效降低市场扭曲、鼓励更积极的减排行为

初始分配方式的选择对企业淘汰旧产能、开发新技术的决策影响是很大的。在更新制之下，未来配额的分配是基于当前排放水平，厂商为了在将来获得更多的配额而会进行更多的排污。在祖父制下，既存厂商被免费分配给配额，而新进入厂商在配额获取方面却面临诸多限制。因此，企业将会选择延长旧设备的工作年限，而不大会考虑更新换代或开设新厂。如果引入一些新举措（如标杆制），这些反向刺激会减少。但是拍卖制可以彻底消除此类对企业节能减排决策的负面刺激。

---

〔1〕 Regina Betz S. S. P. C.，“Auctioning Greenhouse Gas Emissions Permits in Australia”，*The Australian Journal of Agricultural and Resource Economics*，2010.

〔2〕 Neuhoff K.，Martinez K. K.，Sato M. Allocation，“Incentives and Distortions：the Impact of EU ETS Emissions Allowance Allocations to the Electricity Sector”，*Climate Policy*，2006，6（1）.

对新进入企业和关停企业来讲，拍卖也是不错的选择。[1]在祖父制下，新排放源难以获得免费的配额；面临淘汰的企业为了获得被视为额外利益的配额，也许会选择继续生产和排污。这与排污交易本身的减排目标是相违背的。相反，拍卖制可以使政府获得一笔收入，为减税或设立减排基金等公共政策提供财政支持，无疑将鼓励更积极的减排行为。

6. 拍卖制可以减少税收扭曲，提高社会福利水平

拍卖和碳税的治理方式，都可以使财政收入从企业流向政府。然而增加税收在任何时候都是不受欢迎的。特别是我国以间接税为主，将直接导致能源价格上涨。能源源头的矿业和对直接能源消耗巨大的能源企业受碳税施行的影响将会很大。所以，以拍卖分配为主的碳交易制度会是个更合适的选择。

值得注意的是，只要采用了温室气体管制政策使碳价内化（无论是碳税还是碳排放交易制度）便会对其他的税收制度产生未预料到的交互作用。例如，管制政策将提高能源及衍生品的价格，使得劳动者的实际工资变相降低。而配额若采用拍卖的方式来分配，政府将会从污染源获得一笔可观的收入来改善由此带来的影响，促进宏观经济效率的提高。

7. 进行拍卖才能利用边境租税的调整机制来保护国内产业

碳排放权管制政策对国内高耗能产业的冲击是巨大的。对于面临国际竞争的能源密集型产业来说，要将碳交易的成本转移到产品价格中是不现实的。投资者也会观察到这种情况，而将投资注入没

〔1〕 Michael Grubb, Christian Azar, and U. Martin Persson, “Allowance Allocation in the European Emissions Trading System: A Commentary”, *Climate Policy*, 2005.

有覆盖管制政策的其他国家/地区。这给决策者的压力是很大的。虽然这个问题可以通过免费分配的方法来缓解，但是这种补贴又会造成投资的扭曲，形成对低碳产品的不正当竞争，使整个交易制度的有效性降低。

边境租税的调整可以达到减少对竞争力冲击的效果，是拓展交易制度的方式之一。边境租税又称为退税或豁免，指的是原定于国内消费的产品在出口时退还所征收税金，或是对进口产品征收与国内产品间接税相当的金额。为使边境租税调整与世贸组织的原则相容，关税需设定在扣除机会成本外的排放权平价成本，此成本能在拍卖时清楚呈现，因此，进行拍卖才能有效率地执行边境租税的调整。

此外，拍卖方式的优势还包括可以增加成本分配的弹性，提高企业进行污染治理技术创新的积极性，减少新兴企业的进入障碍等。总体上来讲，经济学家都比较推荐在初始分配中采用拍卖制。和免费分配的方法相比较，拍卖制更符合法治的要求，可以有效降低市场扭曲，促进分配结果更加公平和有效（具体如表4.3所示）。当然，至于拍卖制是否在实践中能达到上述的效果还要取决于具体的制度设计，我们将在下文中进行讨论。

表4.3　不同标准下的占优分配方式

标准	占优分配方式
静态效率	拍卖
红利分配	拍卖*
竞争力	取决于拍卖收益的用途

续表

标准	占优分配方式
合法性	拍卖
动态刺激	拍卖
交易成本	拍卖 *

注：* 意味着理论上存在一定的争论。

（二）常用的拍卖方式

理论上，碳总量控制下的碳排放权属于同质多物品[1]，该拍卖物兼具私有财产和公共财产的双重属性。大体上讲，拍卖碳排放权有两种形式的划分：①按竞价的轮数分为静态（sealed）拍卖和动态（dynamic）拍卖。静态拍卖也被称为密封投标拍卖（sealed-bid auction），只有一轮秘密投标，拍卖过程相对简单。动态拍卖即公开叫价拍卖，有多轮公开投标，竞价人有机会基于前几轮的公开信息，修改他们的出价。动态拍卖按照价格随着拍卖过程上涨或下跌又可以分为“向上叫价拍卖”和“向下叫价拍卖”。②按竞买人支付的价格分为“统一价格拍卖（uniform-price auction）”和“按报价支付拍卖（discriminatory auction）”。实践中，这两种形式的拍卖可以交叉组合，大致可分为统一价格—密封拍卖、按报价支付—密封拍卖、统一价格—动态拍卖和按报价支付—动态拍卖四种形式。[2]下文我们首先来讨论密封投标拍卖法。

---

〔1〕作为一种重要的工具，拍卖被用在很多物品的出售中：独一无二的商品，像艺术品或老爷车；大量异质品，像无线电频段的使用权；大量同质品，像花束或是国债。碳排放权属于最后一种类型的商品的拍卖，被称为同质多物品拍卖。

〔2〕曾鸣、何深、杨玲玲、马向春：“碳排放交易市场排放权的拍卖方案设计”，载《水电能源科学》2010 年第 9 期。

1. 密封拍卖

在密封投标拍卖制中，参与的竞标者将秘密地提交他们的出价，出价将以需求曲线的形式反映他们各自在不同的价位下的配额需求量。这些出价表中的需求曲线将加总并形成总需求函数，当总需求等于总供给时，市场的出清价格就确定了。那些出清价格以上的投标将成功中标。值得注意的是，在欧盟 ETS 中有些成员国为配额初始拍卖设定了最低价格，即保留价。[1] 图 4.1 将显示在这两种不同情况下拍卖市场是如何确定价格的。

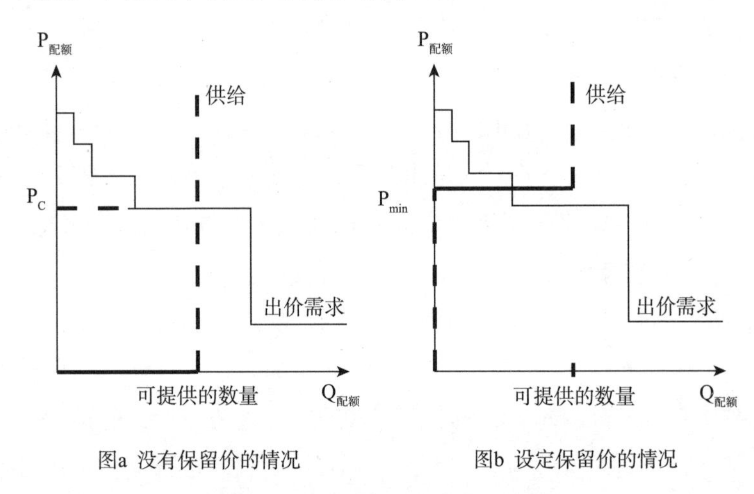

图a 没有保留价的情况　　图b 设定保留价的情况

图 4.1　拍卖市场价格形成示意图

图 a 显示了在密封竞标拍卖之下，供、需量相等时即确定了市场出清价格 P_C；图 b 显示了在政府设定了保留价 P_{min} 的情况下，因为投标底价 P_{min} 一般高于市场出清价格 P_C，所以并不是所有的配额

〔1〕 Hepburn C., Grubb M., Neuhoff K., et al., "Auctioning of EU ETS Phase II Allowances: How and Why", *Climate Policy*, 2006, 6 (1).

都能够通过拍卖分配完。

密封竞标拍卖可以分为统一价格拍卖（uniform-price auction）和按报价支付拍卖（discriminatory auction）两种形式。两者的区别体现在中标者的支付价格方面。在统一价格拍卖中，每个竞买人将按照统一的市场出清价格来支付配额。当市场出清价格是20欧元时，购买30个单位的配额竞买人将花费600欧元。而在按报价支付拍卖时，每个竞买人将在市场出清价格之上，根据他的出价在不同的价位上来支付配额。比如说有的竞买人可能会在单价30欧元时成交20个单位的配额，在20欧元时成交另外的10个单位的配额，所以总共需要支付800欧元。

（1）统一价格—密封拍卖：在规定期限内竞买人就自己想要的排污权数量和愿意支付的价格进行秘密投标，最后由拍卖人确定供求相等的出清价格，所有出价高于出清价的竞价人对于他们赢得的排污权均以相同价格 P_C（市场出清价格）支付。在统一价格拍卖中，由于竞买人按照市场出清价格 P_C 支付，而不考虑其出价的大小，竞买人出价会尽可能地低于他们的真实价值以影响市场出清价格。所以评论者认为，统一价格拍卖会诱使竞买人虚报出价和需求，尤其是拍卖市场被少数几个大的竞买人所控制的时候，最后的结果常常会低估真实的边际递减成本。此种方法在实践中运用广泛，为美国的RGGI碳排放权交易计划、欧盟碳排放权交易计划所采用。

美国RGGI碳排放权交易计划包含了东北部的康涅狄格州、特拉华州、缅因州、马里兰州、马萨诸塞州、新罕布什尔州、新泽西州、纽约州、罗德岛以及佛蒙特州。该计划每一季度拍卖一次，采用的是统一价格—密封拍卖。在2009年7月的拍卖中，市场出清价格是每吨CO_2的市场出清价格是3.23美元，三千多吨配额的总收益大约是1亿美元。其中85%的配额被受管制厂商（如大型电厂）购买，其余的则被经纪人、环保组织和市民等竞买人购得。

欧盟将在第三阶段的配额分配中加大拍卖的比例。从2013年起，一半以上的配额将有可能通过拍卖来分配。[1]根据2010年6月欧盟所发布的规制草案来看，在下一阶段的拍卖将采用的是统一价格—密封拍卖法。受管制的厂商和经注册的经纪人均可参与竞标。

（2）按报价支付—密封拍卖：在规定期限内竞买人就自己想要的排污权数量和愿意支付的价格进行秘密投标。标书中将说明竞买人在不同价位下（P_T）的特定需求量（Q_T）。最后由拍卖人确定供求相等时的出清价格P_C，所有高于出清价的出价均将胜出。竞买者将按照他们的标书在不同的价位（$P_T \geqq P_C$）上购买他们所需要的配额数量。

美国自1995年开始的二氧化硫交易计划采用的是此种方法。该计划主要是针对电力厂商所开展的，旨在降低燃煤电厂的二氧化硫排放量。[2]在第一阶段（1995～1999年），纳入计划的263家电厂每年必须削减大约3 500 000吨二氧化硫排放量；从2000年开始至今的第二阶段，更多的电厂（包括其他使用化石燃料的厂商）被纳入管制范围。该计划要求受管制电厂的每吨SO_2排放都必须来自

---

〔1〕 Michael Grubb, Christian Azar, U. Martin Persson, "Allowance Allocation in the European Emissions Trading System: A Commentary", *Climate Policy*, 2005, 5.

〔2〕 英斌、义方："二氧化硫排放权大拍卖"，载《环境》1994年第5期。

可交易的配额。配额可以存储以备未来之需，但是从未来计划中借用配额的行为是不被允许的。在该计划中，每年大约 2.8% 的配额是通过按报价支付—密封拍卖方式进行的。

2. 动态拍卖

动态拍卖即公开叫价拍卖，有多轮公开投标，竞价人有机会基于前几轮的公开信息，修改他们的出价。动态拍卖按照价格随着拍卖过程上涨或下跌又可以分为“向上叫价拍卖”和“向下叫价拍卖”，它们可以和按照统一价格、按报价支付形成不同的组合。[1] 向上叫价拍卖（ascending auction，也称英式拍卖）是最常用的动态拍卖机制。向上叫价拍卖对不熟练的竞拍者来说更简单，因此在第一阶段的 ETS 中为英国的“新进入者保留计划”（NER，New Entrants Reserve）所采用。实践中最常见的是统一定价—向上叫价拍卖法。

在统一定价—向上叫价拍卖过程中，由于拍卖过程有一个数字时钟显示拍卖品的当前价格，所以该法又被称为向上叫价时钟拍卖。不同于公开叫价拍卖（open-cryout format），向上叫价拍卖的过程始终由拍卖人主导。拍卖人在拍卖之初先确定供应的数量 S 以及初始的保留价格 P_0。然后邀请 i（i = 1，2，3…n）个竞买人就初始价格 P_0 进行竞标，由竞买人表明在此价格上他们愿意购买的排污权的数量 $D_i(P_0)$。如果总的需求小于总供给 $[\sum_i D_i(P_0) \leqq S]$，那么拍卖结束。所有的竞买人将以统一定价 P_0 获得他们竞拍的所有配额，卖方多余的配额将不再出售。当需求量超过用于此次拍卖的排污权数量 S 时，拍卖人就将加价并开始一轮新的竞标 t，此轮的

---

〔1〕 唐邵玲、施棉军：“初始排污权拍卖机制经济学实验研究”，载《湖南师范大学自然科学学报》2010 年第 1 期。

拍卖价是 P_t。在新一轮竞标中，竞价人再次竞标［重新表达在新价格 P_t 下自己的需求数量 D_i（P_t）］。此过程不断重复直至没有过剩需求，竞价人按照统一的出清价格获得他们投标的数量。因为竞标的价格是逐轮递增（$P_t > P_{t-1}$），所以竞买者的需求数量应该是逐轮递减的［D_i（P_t）$< D_i$（P_{t-1}）］，整个拍卖过程中竞买人的需求曲线是不断下滑的。由于缺乏预算，美国弗吉尼亚州的氮氧化物减量计划采用的就是此种拍卖方法。它的有效性被学者们的实验数据所证实。Porter et al.（2009）指出当需求较有弹性时，统一价格—向上拍卖法在有效性和收益方面要优于统一价格—密封拍卖法。

动态拍卖中的按报价支付形式常用于那些需要紧急出售商品的出售，如鲜花和鲜鱼，在此不作讨论。[1] 其他的拍卖形式，如维克里拍卖相对比较复杂，实际中也不常见，所以本书也不作讨论。

表 4.4　实践中常用的各种拍卖方式

		出价方式（Bidding）	
		动态（Dynamic）	密封（Sealed）
中标价格（pricing）	按报价支付（Pay-as-bid）	荷兰郁金香 悉尼鲜鱼市场	美国二氧化硫排污权交易 美国国债（1992 年之前）
	统一价格（Uniform-price）	美国弗吉尼亚州的 NO_x 减量计划	RGGI 碳排放权交易 EU 欧盟碳排放权交易体系 美国国债（1992 年之后）

〔1〕乔志林、秦向东、费方域、吴茗："排污权交易制度有效性的实验研究"，载《系统管理学报》2009 年第 5 期。

3. 拍卖方式的比较

不同的拍卖形式都有它们各自的优劣，它们在透明度、价格发现、对垄断与合谋的控制、交易成本以及公平性等方面都会带来不同的分配结果。

（1）统一价格与按报价支付的比较。拍卖按中标人是否支付统一价格分为“统一价格拍卖（uniform-price auction）”和“按报价支付拍卖（pay-as-bid）”两种形式。统一价格拍卖中，中标人按统一的市场出清价格来支付价款。而在按报价支付拍卖（又被称为歧视价格拍卖，discriminatory auction）中，中标人将依照他们的报价，在市场出清价以上，分别按照不同的价格来支付价款。举例来说，按报价支付—密封拍卖的运作方法是：竞标者同时递交他们的投标书，其中说明了在不同价位下他们的需求量。然后投标汇总，确定市场出清价格（供需量相等时 P_C）。投标在出清价格以上的将胜出。竞买者将按照他们投标，在不同的价位（P_T大于 P_C）上购买他们所需要的配额数量。[1]

经济学家们基本上都倾向于认为“按报价支付拍卖”方式并不适合适于碳排放权分配。这主要是在于此种方式有以下几点不足：① 分配结果缺乏效率。美国前副总统戈尔曾指出：“有效率的分配方式应该是让配额分配到那些对他们来说最有价值的人手中。”尽管竞标者对于自己的碳减排成本是很明确的，但是对经济社会整体的成本却并不明朗。在歧视拍卖中，那些认为社会整体成本较高的竞买人会倾向于在竞标中出高价，以便于在未来将多余的配额出售

〔1〕 肖江文、罗云峰、赵勇、岳超源：“排污权交易制度与初始排污权分配”，载《科技进步与对策》2002 年第 1 期。

以获利。最终，这些高估配额价值的竞买者会在竞争中获胜。而那些减排成本更高、配额对他们来说更有价值的竞买人往往因为低估配额价值而在拍卖中失利。这样的分配结果是缺乏效率的。相反，在统一定价拍卖中，竞买人倾向于哄抬他们真实的出价意愿，所以那些配额对他们具有最高边际价值的竞买人易于在竞争中获得配额，从而产生更具效率的分配结果。② 大企业在信息获取方面占据优势，使中小企业的参与意愿降低。[1] 由于歧视价格拍卖中的竞买人将按照他们自己的出价来支付，所以他们都会尽量去猜测市场出清价格，当出价越接近出清价格，竞买人就可以以越低的价格买到配额，获益也就越多。这就对那些能够花更多精力来预测出清价格的大公司更有利。相反，在统一价格拍卖中每个竞买人都是以统一价格支付的。对于中小企业来说，以真实的评价出价才是最优策略，不存在缺少其他竞买者信息的困扰。所以统一价格拍卖更受中小企业欢迎。③ 不能提供准确的价格信号。在歧视价格拍卖中，竞买人的最优策略是要以低于真实估价来出价，所以在此种拍卖方式下的市场出清价格并不能准确地反映真实的边际递减成本。

总之，统一价格拍卖对竞买人来说更简单，可以提高参与度，促进合理竞争。在按报价支付拍卖时，弱小和不熟练的竞买人倾向于认为预测市场出清价格很困难，出于对错误判断的恐惧而不参与竞标。特别是在政策实施初期，配额二级市场还缺乏流动性，价格信号还存在很多不确定性时，为了鼓励更多厂商参与，更适宜采用统一价格拍卖。欧洲关于债券拍卖（securities auction）的经验显

---

〔1〕 任玉珑、刘刚刚、余良："发电企业实施排污权交易初探"，载《重庆大学学报（自然科学版）》2003 年第 11 期。

示，统一价格拍卖将获得更多的收益。[1]借鉴此经验，美国在1998年将他们的国债拍卖也改为了统一价格法；英国在第一阶段ETS的国家分配计划中也采用了统一价格法。我国有学者指出，统一价格在期望收益、有效性和公平性方面都要更高，且简便易行，在政策实施初期不妨采用此方法。

（2）密封拍卖和英式拍卖。拍卖按竞价的轮数分为密封拍卖和动态拍卖。密封拍卖只有一轮秘密投标，拍卖过程相对简单。[2]动态拍卖也称公开叫价拍卖，拍卖公开进行，可能存在多轮回合，竞买人可以根据前几次开价或出价情况来修改自己的出价。[3]按照拍卖品的价格在拍卖中是逐渐走高还是下降，动态拍卖可以分为英式拍卖和荷式拍卖。英式拍卖（ascending auction，又称向上叫价拍卖）在公共物品分配中有广泛的运用，具体指的是，竞买人从起拍价格开始竞价，随着价格逐渐升高，竞标人逐渐退出拍卖，直至剩下最后一名竞买人获胜，并按照他的出价支付配额价款。关于碳排放权分配拍卖中究竟是密封拍卖还是英式拍卖更适合，学术界还没有定论。Holt et al.（2007）和Burtraw et al.（2009）的实验结果都支持密封拍卖方式，而Evans & Peck（2007）的研究、Betz et al.（2009）关于澳大利亚的研究、Cramton and Kerr（2002）关于美国的研究都认为英式拍卖更合适。

---

〔1〕陈德湖、李寿德、蒋馥：“排污权拍卖方式比较研究”，载《上海管理科学》2005年第2期。

〔2〕陈德湖：“基于一级密封拍卖的排污权交易博弈模型”，载《工业工程》2006年第3期。

〔3〕李寿德等：“基于预算与佣金约束的排污权关联价值拍卖机制”，载《系统管理学报》2008年第1期。

英式拍卖支持者认为统一价格—密封拍卖可能降低拍卖的效率。因为其不能很好地反映竞买人的竞拍意愿和实际估价：假设在无知之幕下，竞买人出价时会希望有个参照。可是拍卖是秘密进行的，他们看不到其他竞买人的出价，也无法衡量自己估价的排名。所以就有可能出现一些本来实力较弱、估价较低的竞买人为了获胜而出高价，结果赢得配额，使得拍卖效率降低的现象。[1]而英式拍卖将这种可能性降至最低，其支持者的主要理由是：首先，竞价结果能够很好地反映竞拍者的渴望程度和估值的大小；其次，英式拍卖实施起来比较简单；再次，拍卖的行动规制能够增强过程的透明度，改善价格发现功能；此外，英式拍卖轮次之间的休整时间可以让竞价人根据新信息重新调整出价策略，减少决策成本，提高收益。

统一价格的支持者指出英式拍卖也存在缺陷：首先，向上叫价拍卖不利于鼓励新的进入者，价格的不断上升会使得一些实力较差的潜在的竞拍人不敢进入；其次，因为拍卖公开进行，竞拍者之间可以传递信息，这就会引发共谋和不正当的竞争行为发生；再次，因为拍卖价格是逐渐上升的，每个竞买人都不愿马上按照其估值出价，就会造成“阻击现象”——在拍卖结束前几分钟才开始出价，导致拍卖时间拖长；最后，竞买人可能会被令人兴奋的竞价过程所吸引，使得出价超出了预估价，产生“赢者诅咒”。

实际上，关于密封价格和英式拍卖孰优孰劣尚还没有定论。两

---

〔1〕 顾孟迪、张敬一、李寿德：“基于佣金约束的排污权拍卖机制”，载《系统管理学报》2008 年第 2 期。

者和其他的拍卖方法相比较容易实施。[1]但是英式拍卖比密封拍卖在过程方面更透明。当然，拍卖过程中的透明度是一把双刃剑：一方面，关于其他竞买人的信息可以帮助竞买者评估配额的真实价值，有助于提高分配效率，降低“赢者诅咒”发生的可能性；另一方面却有可能为同谋的发生提供土壤。Burtraw et al.（2009）就认为共谋在英式拍卖中比在密封拍卖过程中更加活跃，这会扭曲市场对配额的价格信号和分配结果。基于此，统一价格—密封拍卖被认为是最适合碳排放权初始分配的方式。

表 4.5　拍卖方式基本分类表

		优点	缺点
中标价格（pricing）	按报价支付（Pay-as-bid）		分配结果缺乏效率 降低中小企业参与意愿 不能提供准确的价格信号
	统一价格（Uniform-price）	操作简单 提高参与度	
开放程度	密封拍卖	能更好地抵制共谋 吸引新进入者	有分配给估价低的竞买者的风险 成交价有可能被哄抬
	英式拍卖	有助于效率原则的实现 刺激竞争 易操作	不能反映真实估价 易引起共谋 抑制了新的进入者 赢者诅咒的风险大 过程较拖拉

〔1〕颜伟等：“基于内生信息的初始排污权拍卖机制研究”，载《安徽农业科学》2008 年第 6 期。

（三）拍卖设计时要注意的问题

尽管拍卖配额具有很多优势，但是免费分配依然是各国和经济组织分配配额的主要方式。这主要是因为拍卖方式的选择关系到市场势力与拍卖效率等问题，比较复杂。再加上政治因素的干扰，所以实践中较难实施。规制者对主要采用拍卖制进行分配的顾虑主要有以下几点：首先，会影响产业的国际竞争力，造成碳泄露。传统观点认为，能源密集型产业会因为碳成本的增加而在国际竞争中处于不利地位，特别是当和那些位于不存在碳排放管制政策的国家、地区的企业竞争的时候。选择拍卖制将会导致本国企业市场份额的降低，使就业率下降，导致工业企业向没有碳排放管制政策国家、地区转移的现象。基于此，欧盟在 ETS 第三阶段对除电力企业以外的工业部门仍然采用的是免费分配的方法。再次，会造成不公平竞争：拍卖若是被少数的大企业所控制，则分配效率很难保证；担心拍卖中垄断势力的不良影响会渗透到二级市场的竞争中；那些在交易体系之外注册但是在体系之内出售产品的企业就可以规避相应成本，形成对参与者的负面冲击。尽管上述的担心是可以理解的，但是拍卖法的价值仍不容否定。为了经济安全而摒弃拍卖法的做法是有风险的：政府策略性的免费分配虽然可提升国内厂商的国际竞争力，但也可能存在增加“生态倾销”规模的风险。〔1〕

为了更好地实现拍卖法的价值，就需要政策规制者在设计拍卖法时要扬长避短，采取适当措施将拍卖制可能引发的风险降至最

〔1〕 生态倾销是指政府试图以宽松的环境政策补贴厂商，使其能以较低的产品价格销售至国外，即出口国以牺牲环境品质为代价，换取更多出口利润。

低。为了最大化碳交易制度的有效性，拍卖应吸引那些最需要的竞买人参与竞标，配额应该分配到那些为了继续排污甘愿支付最多费用的厂商手中。但是，共谋行为、垄断势力的不当使用都会扭曲拍卖的结果，削弱拍卖本应具备的价格发现功能，造成分配效率的降低。所以，遏制共谋以及其他各种形式的市场操纵行为是实现拍卖效率的一个重要考虑因素。当然，拍卖设计的具体目标应该还包括促进价格机制的实现、帮助稳定碳价、遏制共谋以及其他各种形式的市场操纵行为等。[1]我们认为以下的三个原则可以涵盖这些具体的目标，是拍卖机制设计时要遵循的主要原则。

1. 拍卖分配的主要原则

拍卖法的设计首先要满足配额分配的目标。碳排放权初始分配的目标主要有三个：一是效率最大化，即保证配额能分配到可以最大限度地发挥它们的效用的污染源处；二是风险最小化，所谓风险，可能是垄断或共谋所带来的负面影响；三是降低交易成本，此成本包括政府和厂商双方的花费。虽然拍卖方式备受经济学家们的推崇，但是要实现效率本身也并非易事。通常情况下（如在统一价格拍卖中），竞买人都会故意隐藏或压低他们的报价，影响拍卖的有效性。维克里拍卖虽然可以避免这种情况发生，但是施行起来的难度却比较大。拍卖还可以促进价格发现机制更好地发挥作用。经过精心设计、运作良好的拍卖机制可以帮助参与人增强对配额价值的肯定和信心；能够降低计划的不确定性；提供关于减排决策的更多信息。此外，配额拍卖和免费拍卖相比还能够产生更多的收益。

---

〔1〕王先甲等："排污权交易市场中具有激励相容性的双边拍卖机制"，载《中国环境科学》2010年第6期。

政府可以将这些收益用来降低其他税收，如个人所得税；或者是用来补充碳交易制度的建设资金，鼓励和资助旨在促进减排的投资，补偿给能源密集型企业带来的损失。当然，这些目标也有可能会发生冲突。所以，我们就要明确在拍卖设计时需要明确的原则，以及它们的优先顺序。

（1）效率原则。在拍卖理论中，效率指的是待售物品最后落入愿意出最高价的竞拍人手里。具体到碳排放权分配制度，指的是配额应该被分配到那些对它们最有价值的厂商手中。特别是，碳排放权实际上涉及的是公共产权的分配，效率准则尤为重要。虽然拍卖方式备受经济学家们的推崇，但是要实现效率本身也并非易事。[1]通常情况下（如在统一价格拍卖中），竞买人都会故意隐藏或压低他们的报价，影响拍卖的有效性。所以，拍卖形式的选择和设计是实现效率的关键。即便是通过另外某种低效率的拍卖形式所获得的收益更高，规制者——政府也应该选择高效率的方案，以确保资源得到有效配置。作为每个具体的污染源，根据它们所使用的燃料种类、技术水平等因素的不同，减排的方式和手段会有所差别。而规制者应尽量从社会整体的角度来考虑，促使减排目标能够以最小的社会成本来实现。

（2）公平原则。公平原则要求拍卖规则应该透明、便于公众参与并且对任何参与人都一视同仁。一方面，拍卖规则设计时要尽量为中小企业的参与提供方便，吸引尽可能多的竞买者来参与。为了获取配额，竞买者需要学习拍卖规则、获取市场信息并且参与拍卖

[1] 战晓燕、韩百玲、邓涛："北部湾排污权拍卖交易建立的可行性分析"，载《生态经济（学术版）》2010年第2期。

过程。这对于低排放的中小企业来说并不是一项轻松的工作。而为了效率目标的实现，拍卖应该吸引尽可能多的企业或厂商来参与。所以拍卖机制在设计时，应该充分考虑到中小企业的特殊性，通过具体规则的设定来鼓励他们参与。另一方面，拍卖规则设计时也要注意对大企业合谋和滥用垄断势力等不正当竞争行为的防范。大企业可能通过合谋的形式来压低价格，也可能会为了囤积的目的来哄抬价格。这些不正当竞争的行为都会严重影响配额分配的效率和公平，规则的设计要尽可能降低其发生的风险。

（3）效益原则。效益原则指的是通过拍卖降低分配过程中的成本，实现政府收益的最大化。相比无偿分配，配额拍卖能够有效降低游说的成本，产生更多的拍卖收入。配额拍卖时，政府的成本主要包括设计、主办以及执行的成本；厂商的成本则在学习拍卖规制、参与竞拍的过程中产生。合理的拍卖机制可以减轻政府实施的阻力，减少外聘第三方专家的负担，促使拍卖价格由估价高的竞买人获得。政府可以将这些收益用来降低其他税收，如个人所得税；或者是用来补充碳交易制度的建设资金，鼓励和资助旨在促进减排的投资，补偿给能源密集型企业弥补损失。所以，拍卖规制设计时要防范大企业合谋、压低拍卖价格的情况发生。

需要注意的是，以上这三个原则在实践中是互相影响和制约的。在拍卖时吸引尽可能多的竞买人可以有效地体现拍卖的公平性，进而提高拍卖的效率；促进拍卖价格的提升可以有效地增加政府的收入，而政府利用该资金成立的减排基金项目可以为长期投资增加信心，促进效率的实现。反之，忽视中小企业、袒护大企业的设计既可能会促进他们之间的共谋，影响政府的收益，还会阻碍效率目标的实现。当然，这三个原则也有冲突的时候。某些拍卖形式可能可以使政府获得更多的收益，但是难以保证碳排放权能分配到能最大限度地发挥它们的效用的污染源处。澳大利亚 CPRS 白皮书中对拍卖原则的阐述是："提高分配效率的同时最小化风险和交易成本；提高价格发现机制的有效性；在符合其他目标的同时提高拍卖收益。"可见，前两个效率和公平原则应该优于效益原则的实现。

2. 实现有效拍卖的具体措施

碳排放权交易制度对我国来说尚属于新鲜事物，更不要说在初始分配中采用拍卖法了。所以我国在试点拍卖分配碳排放权时必须非常谨慎。这方面我们不妨学习欧盟的经验。在欧盟 ETS 的实践中，拍卖制是循序渐进引入的。在第一阶段，欧盟 99% 的初始配额是通过免费的方式发放的；而在第二阶段，拍卖的比例升至 10%；在欧盟第三阶段的排污权交易方案的规划中，67% 的配额将通过拍卖的方式来进行分配。而我国很多企业对拍卖制本身就缺乏了解，对碳交易也心存顾忌。我们对拍卖机制进行设计时就必须考虑这种情况，为厂商积极参与竞标提供条件，促进碳交易的开展。

（1）应赋予尽可能多的主体竞买资格，调动竞买人参与的积极性。在拍卖制度设计中，最关键的问题就是如何鼓励参与、促进竞争。大量合格竞买人的参与可以提高竞标的激烈程度、增加拍卖的收益。人为地给竞买人资格强加限制，会使得配额分配的效率受损、收益降低。我国的污染大户多是一些大型的电力、钢铁、水泥等国有企业。在拍卖设计时鼓励它们的参与是很必要的，不过同时也要关注到那些数量众多的中小型企业。如果只有少数的大企业参与竞拍，则它们很容易就结成同盟来共同压低市场出清价格，影响拍卖收益。当配额初始拍卖时的价格大大低于二级交易市场的交易价格时，分配就变成对竞买者赤裸裸的补贴，大大影响政府的收益。此外拍卖中垄断势力的不良影响还会渗透到产品市场的竞争中。所以提高中小企业的参与度，才是配额分配有效开展的关键。

当然，作为规制者在这方面也有些顾虑：就算在自由参与的情况下，一些小厂商基于参与成本的考虑也未必会直接参与竞拍；每多一个竞标者，拍卖机构主持竞标的成本也就会相应上升。不过“保障竞买者自由参与的权利”应该是首要原则，至于由此产生的顾虑和问题可以通过各种机制设计来化解或减少其负面影响。例如，欧盟就在考虑赋予 ETS 前期配额交易二级市场中的参与厂商以代理商的资格，允许它们代理中小企业的拍卖事宜。

（2）设计周期性拍卖，更多的机会可以改善分配结果。拍卖应该多久进行一次是个很难回答的问题。极端点看，只在交易制度施行时安排一次配额的初始拍卖，此后的配额就只允许在二级市场获得的做法也仍然是有合理性的：因为只有一次获取配额的机会，竞买者的数量和积极性将会大大提高，交易和行政成本也可以大大降低。不过，常规化的拍卖仍然被认为更合理，理由如下：

小型和定期的拍卖制度更有利于中小厂商的参与。如果配额只被允许在初期拍卖一次，那么中小企业可能缺乏资金去竞拍所需要的全部配额。拍卖可能又只在大企业之间进行，这种分配结果是非常不公平的。

常态化的拍卖可以有效地缓和单次拍卖对市场价格的影响。周期性的拍卖可以定期为市场注入流动资金，巩固价格的稳定性，降低市场的不确定性。人们对于配额拍卖总有一种担心，害怕垄断企业在竞标中获得大部分的配额，进而在二级市场榨取垄断租金[1]。周期性的拍卖可以降低或消除这种不公平分配结果出现的可能性。尽管大企业仍然可能在初次分配中占据优势，但是其他企业可以在后续的拍卖中不断调整策略，赢取更多的中标机会。

（3）规定存贮和借用条款，明确配额的财产权价值。在拍卖市场中，排放配额的流动性至关重要，可能影响交易成本与拍卖效率。缺乏流动性的市场将增加形成市场势力的风险，造成拍卖的无效率。明确碳排放权的财产权属性，肯定其可存储和借用的属性，将大大提高交易市场的流动性。如果禁止配额存贮，就会大大地限制在满足法律规定的最低要求之后，市场主体继续减排治疗的积极性。没有配额存贮机制，厂商进行超额治理后，多出的配额如果没有及时找到买家将白白丧失经济价值。我们可以很容易地想象出在普通市场，如家具市场上，产品生产出来以后，如果没有立即找到买主，国家就把它没收，市场会发生什么情况。相信很快市场上就不会有家具出售了。相同的原则也适用于排污配额的交易。除非厂商可以存贮和借用碳排放权，拥有专属和排他的产权，否则它们将对进行超额治理完全失去积极性。

（4）拍卖设计时借鉴供应法则，为拍卖价格设定上下限。前文讨论的价格机制——密封拍卖或是向上拍卖都指的是在“固定的配额供应量”下，竞买人按什么规则、如何支付价格。事实上，规制者的总供应量是动态、可调整的。按照市场规则，供需双方力量决定价格。所以，供应方提供的配额总量对价格也会造成一定影响。

〔1〕对于那些垄断企业凭借其垄断地位而获得的，通过在二级市场把价格提高到竞争市场的价格水平之上而产生的收益，我们称为垄断租金。

事实上，很多国家在气候变化法案中都规定了“供应法则”，即为配额价格设定上下限，目标供应量可以随着价格做相应变动。竞买者按照目标供应量出价，如果最后市场出清价格正好落在价格管制的范围之内，那么供应量无需作调整。但是，如果市场出清价格高于价格管制的上限，那么供应总量将增加直至价格回调至上限。同样，如果市场出清价格低于管制的下限，那么供应量将减少直至价格上调至下限。

对拍卖价格进行适当管制的好处在于可以降低未来碳价的不确定性，有利于排污者着眼于对减排的长期投资。具体来说，如果污染源被告知碳价确定会保持在一定的价格之上，他们就会有减排的动力；如果竞买人知道碳价确定会低于某一价格上限，某些业务商（如经纪人）就会有利可图，有为此投资的动力。所以，供应法则中的价格管制手段有非常重要的作用。通过价格管制，拍卖中所披露的需求信息可以影响管制者发放配额的数量。换句话说，当市场反映减排成本很高时，价格会受到上限的约束，这时政府会发放更多的配额。反之亦然。如果管制者能够将社会减排成本很准确地反映在价格控制区域内，这种灵活的管制政策将促进碳减排政策更有效地发挥作用。

（5）要合理安排拍卖收益。拍卖的方式比免费分配方式更有效的结论是建立在拍卖所得不被浪费的前提之下的。首先，拍卖收益应该被安排到合理的用途。来自拍卖的收益可通过削减税收、提高工资以及设立扶持基金等方式来回馈社会，以降低其他分配方式（如祖父制）造成的扭曲，改善社会整体的福利水平。政府还可以将拍卖收益用来补充碳交易制度的建设资金，鼓励和资助旨在促进减排的投资，补偿给能源密集型企业弥补损失。政府的这些行为将对厂商的减排行动、资金的长期投资和二氧化碳市场价格的稳定起到正面的鼓励作用，有助于拍卖效率乃至减排目标的实现。此外，拍卖收益的使用应该程序公开、过程透明。只有这样才可以保证各方对碳市场的信心。

第五章　碳排放权初始分配对产业竞争力的影响

一、碳成本对产业竞争力的影响

（一）环境政策对产业竞争力的一般影响

空气污染等环境问题随着世界工业化进程的推进显得日益严峻。环境问题所带来的恶劣影响不仅仅限于自然环境本身，同时还将降低经济的活力和可持续发展的能力。为了应对环境问题，各国均通过不同方式对环境问题进行治理、运用不同的手段来实现可持续发展的目标。欧盟、美国、日本、瑞士等国就开展了碳排放权限额—交易制度来控制二氧化碳的排放。中国为了鼓励节能减排，已经将“两高一资”（高耗能、高污染排放、资源型）产品的出口退税政策取消，对一些重点的“两高一资”产品还要加征关税。而诸如此类的环境政策是否会对产业竞争力造成影响？会造成怎样的影响？学术界主要有三种观点：

1. 环境竞次理论

该理论认为每个国家对待环境政策的心理类似于“囚徒困境”：都容易担心别国采取比本国更低的环境标准而使本国的工业失去竞争优势，因此国家之间会竞相采取比别国更低的环境标准和次优的环境政策，最后的结果是各国都采取了比没有国际经济竞争时更低的环境标准，从而加剧了全球气候的恶化。[1]应该说，目前世界范围的气候政策表现是和该理论相左的。无论是工业化国家还是发展中国家，现行的环境制度都比过去有了很大的提高。但是，该理论很好地揭示了国际贸易中各国普遍存在的心理。举例来说，尽管欧盟基于各种原因已经采取了限额—交易制度对温室气体进行管制，但是为了防范可能对国际竞争力造成的损害就一直在酝酿类似于“碳关税”的贸易保护措施。

2. 污染避难所假说，亦称产业转移假说

该理论认为如果在实行不同环境政策强度和环境标准的国家间存在着自由的贸易，那么实行较宽松环境政策和标准的国家将由于产品成本中“外部成本”构成较低而占据优势。由于外部成本差异所产生的“拉力”，必然会吸引国外的企业到该国投资或进行生产。这种影响对于环境敏感型产业及“自由自在”（footloose）的企业来说更为明显。依据该假说的推论：目前，发展中国家的环境政策较发达国家更为宽松，因此发展中国家也就容易成为世界污染产业的“避难所”。当然，环境政策的严厉程度并不是工业转移的主要原因，根本的原因是劳动力成本、税收、运输费用、初级原材料的可利用性和市场准入等因素的综合影响。

3. 波特假说

与前两种观点不同，波特认为短期内实施严厉的环境保护政策确实会使企业的成本上升，并影响企业的竞争力，但是从长期来

〔1〕 郭丽娟、肖红：“中国环境保护对产业国际竞争力的影响分析”，载《国际贸易问题》2006 年第 12 期。

看，如果其他国家都追随先驱国家环境政策，环保目标和竞争力可以实现双赢。由于环境压力的刺激，企业在改进节能技术方面更积极，使技术领先的企业通过环境知识和技术的提供，在竞争中占据先机。即使出现相关产品的出口减少和进口增加现象，政府仍可以通过其他方面的干预措施予以解决，如政府可以对重污染产业进行补贴，对进口产品实施限制。环境条件的改善还会提高本地居民的劳动积极性、改善劳动者的健康状况，从而相应地降低企业的生产成本。在这些积极的因素作用下，环境政策实施所带来的成本负担会在很大程度上被抵消。

上述这三种有关环境政策和竞争力的基本理论都是在实证研究的基础上提出来的，在特定的条件下均具有一定的说服力。

（二）来自西方国家的经验

碳排放权分配是否会对竞争力（competitiveness）造成影响？政策、法规涉及时是否应考虑该因素？这些一直是政府和学者们所关心的话题。David Montgomery（1971）在其关于排污权交易制度的开创性研究中就曾指出，交易制度的绩效并不受到排放权的初始分配方法的影响。Robert Stavins（2009）也指出，配额初始分配，无论是通过拍卖分配还是免费分配的方法，对于实现该政策的社会总成本并不会产生影响。但是，学者们的研究一致指出，配额分配所采用的方法的确会影响分配效果（affect distribution）。Robert Stavins（2009）指出对初始分配方法最好的评价角度，并不是它们究竟采用的是免费或拍卖中哪种具体的方式，而在于观察谁是分配的最终受益者。换句话说，作为一种稀缺的商品，配额的初始分配本质上是配额价值的分配，其方法必然会对受管制的各产业产生影响。

（1）从国内的角度来看，分配通过影响“碳成本”对竞争力产生作用。工业企业要生存必然要生产，生产必然需要排放，由于碳交易制度的实施，受管制企业在生产时每排放一个单位的二氧化碳都需要获得对应量的配额，购买配额的花费成为企业的“碳成本”。配额的有偿分配毫无疑问会增加企业的生产成本。假设A厂商的配额是通过拍卖方式获得的，那么它每获得一个配额都必须支付相应的经费作为对价，生产成本必然会提高。成本的提高会导致价格的提升。当A厂商生产的产品恰好存在替代品，而替代品的生产厂家B企业所属的行业恰好不被碳交易政策所管制，那么A厂商将毫无疑问处于竞争劣势。即便配额是通过免费分配获得的，“碳成本”也是客观存在的。“碳成本”包括实际成本和机会成本。企业每使用一个配额，它都会失去到二级市场上去出售配额以获利的机会，这就是配额使用的“机会成本”。在配额通过“标杆法”来免费分配的情况下，碳使用率高的企业将会有多余的配额，它们可以将多余的配额出售以获利；碳使用率低的企业配额将不足，它们将不得不到二级市场上去购买配额，这进一步增加了生产成本，对企业的竞争力造成影响。

“碳成本”的高低会影响企业的竞争力。举例来说，A企业和B企业同是电力生产商，A企业是以煤炭为主要燃料的发电企业，B企业是利用水力来发电的企业。在存在碳管制政策的情况下，A企业的生产中将产生大量的二氧化碳，需要大量配额，故存在较高的“碳成本”；B企业的生产排放量很低，不需要太多的配额，故“碳成本”很低。若碳排放权是通过拍卖方式来分配，那么在这两个电力生产商的竞争中，“碳成本”将增加A电力企业的生产成本，降低其竞争优势；若是配额通过基于“历史排放量”的免费分配方法来分配，A电力生产企业将获得大量免费配额，这部分额外收益（windfall）类似于生产补贴，无疑会增加其比较优势。欧盟的经验是，尽管对电力企业发放了充足的免费配额，它们的策略仍然是上涨电价，毫不留情地将它们的“碳成本”转嫁给下游消费者（行业、厂商、个体）。在这种情况下，免费配额反而成了对电力部门的过度补贴，并且对其下游行业（如铝行业[1]）的生产造成非常不利的影响：上涨的电价使得原材料价格上涨，即便是未被纳入管制的行业也会间接受到“碳成本”的影响，不得不提高产品的定价，导致市场份额被外国产品所替代。

根据企业所处价值链的位置不同，“碳成本”对竞争力的影响方式也会有所不同。碳交易政策不仅会使企业利用碳的成本上升，同时也会带来电价的提高。能源密集度较高的行业（如水泥）的竞争力受到的影响较大；能源密集度较低的行业受到的影响则相对轻松。若是在配额免费分配的情况下，电力行业甚至可能会因此获益。因此，英国政府就根据不同行业的承受能力，将行业区分为一般部门与大型电力生产者（LEP，large electricity producers）行业，采取不同的分配方式：以低于“惯常生产需要”（BAU，business as usual）的情形的数量将碳排放权分配给LEP以外的行业。欧盟在第三阶段的配额分配中，对于电力部门采用的是有偿拍卖的方式，对于面临国际竞争的能源密集型产业则继续采用免费分配的方式。

---

〔1〕一般而言，电力成本约占铝生产成本的1/4，其中95%用于融化阶段，产生的排放量约占铝初级生产中的80%。

（2）从国际的角度来看，分配方式会影响企业的国际竞争力。短期来看，碳交易制度使能源密集型企业面临压力。这种压力主要存在于能源密集型且外贸依存度较高的行业，如英国的铝业、石油精炼、化学品和含铁金属行业。对于这些行业来说，一方面由于碳需求较高，“碳成本”是比较高的；另一方面由于面临激烈的国际市场竞争，难以将成本转嫁到消费者头上。这两方面的因素将使得面临碳管制政策的这类本国企业陷入困境，与其他位于无碳管制政策国家中的企业在竞争中处于劣势。最终可能会导致高能耗产品的生产向无气候管制的国家转移，继而引发这些国家碳排量的上升，这种现象被称为“碳泄露”。碳泄露一旦发生，不但会对一国的产业竞争力产生负面影响，同时还会降低整个气候政策的效果，降低减排行为的有效性。为了降低企业面临的竞争压力，管制者（如欧盟）大多免费将配额发放给面临激烈国际竞争的能源密集型企业。

根据欧盟已有的经验总结，该经济体在碳成本增加的情况下受到冲击的行业主要是：铝行业（Aluminium）、钢铁及铁合金（Basic Iron & Steel and Ferro-alloys）、有机化学（Other Basic Inorganic Chemicals）、复合氮肥（Fertilizers & Nitrogen Compounds）、纸及纸制品（Paper & Paperboard）、水泥（Cement）等六大部门。[1]美国为了防止其对自身产业竞争力造成负面影响，在气候法案（Waxman－Markey）中规定了碳排放额度退款计划，以补偿能源密集型、贸易密集型的制造产业因为遵守碳排放上限与交易制度带来的成本，从而使其能够在商业上与没有实行类似的碳排放上限制度的外

〔1〕 Dröge S.，“Tackling Leakage in a World of Unequal Carbon Prices”，*Climate Strategy*，2009.

国企业进行公平竞争。[1]按照美国相关规定，符合退款计划的行业包括44个，其中12个属于化学部门，4个属于纸部门，13个属于非金属矿部门（例如水泥和玻璃制造业），还有8个属于初级金属部门（例如铝和钢铁的生产）。[2]这些部门大多处在价值链的起点，为进一步的生产提供原材料。为了防止损害本国竞争力，存在碳交易制度的国家还规定了一系列的“边境调节措施”[3]来对进出口进行平衡。[4]通过这种方式，其他不存在碳交易制度的国家的相关产业也会受到影响。[5]我国和这些国家都存在着紧密的贸易关系，是欧盟水泥行业的全球第一大贸易伙伴、有机化学部门的第二大贸易伙伴、钢铁及铁合金部门的第三大贸易伙伴（具体见表5.1）。美国的立法者甚至明示要求行政机关每年都要向国会提交报告，证明中国和印度的碳排放量是否严格达到该法的要求。所以，这些竞争

---

〔1〕 U. Oberndorfer, K. Rennings, “Costs and Competitiveness Effects of the European Union Emissions Trading Scheme”, *European Environment*, 2007, 17.

〔2〕 Evan Bayh, Arlen Specter, Debble Stabenow, Claire McCaskill, Sherrod Brown, “The Effects of H. R. 2454 on International Competitiveness and Emission Leakage in Energy-Intensive Trade-Exposed Industries”, 载 https://www.epa.gov/sites/production/files/2016-07/documents/interagencyreport_competitiveness-emissionleakage.pdf, 最后访问日期：2017年10月13日。

〔3〕 关于是否应该进行碳边界调节的讨论最先出现在欧盟。2005年《京都议定书》生效后，欧盟排放权交易体系开始运行。一些观点认为，如果其他主要排放国没有承担强制性减排责任，欧盟的减排行动会使欧盟企业的竞争力下降，同时会导致非强制减排国家的温室气体排放增加，即会产生竞争力和碳泄漏两个问题，因此需要采用相应的边界调节措施以弥补损失。

〔4〕 东艳：“全球气候变化博弈中的碳边界调节措施研究”，载《世界经济与政治》2010年第7期。

〔5〕 朱鹏飞：“美国应对气候变化的边境调节措施研究”，2011年全国环境资源法学研讨会。

力防卫措施一旦实施将对我国的相关产业带来极大的冲击。

表 5.1　欧盟能源密集型行业的主要贸易伙伴

	美国 *	俄罗斯	中国	挪威 *	瑞士 *	土耳其
铝	4	2	6	1	3	
钢铁及铁合金	4	2	3		6	1
有机化学品	1	4	2	3	–7	
复合氮肥	3	1		2		
纸及纸制品	1	3	5	4	2	6
水泥	4	6	1			2

资料来源：Susanne Dröge（2009）.

注：* 代表已经或计划实施总量控制碳交易制度。

长期来看，免费分配给予的补贴只是暂时的，无助于竞争力的提升。因为它仅仅类似于国家的价格补贴、政府一次性的转移支付，并没有和碳减排的努力和生产活动关联起来。用经济学的术语来讲，是超边际（infra-marginal）而非边际激励（marginal incentives），对边际生产成本没有影响。[1]因为补贴对企业的边际生产成本（供应）并没有影响，所以并不会改变企业的国际竞争力。一旦取消对水泥、钢铁等生产企业的补贴，这些行业中的厂商仍然会感觉到来自无“碳成本”企业的压力。相反，采用拍卖方式虽然会使能源密集型产业面临一段时间的压力，但同时也会产生革新技术

〔1〕 Stavins R.，“The Wonderful Politics of Cap-and-Trade：A Closer Look at Waxman-Markey”，载 Grist 网站，http://grist.org/article/the-wonderful-politics-of-cap-and-trade-a-closer-look-at-waxman-markey/，最后访问时间：2017 年 10 月 13 日。

的动力，形成竞争优势。特别是当其他国家纷纷实施气候管制政策时，如果本国企业的清洁技术成熟，使排放量够低而有剩余的配额，或其减排技术相较于配额的市场价格更低廉时，反而可替企业赚取利润，成为商机所在。故从长远来看，拍卖制有可能促进企业国际竞争力的提升。

二、受碳成本冲击的主要产业

不同产业对“碳成本”的敏感度是不同的，企业的竞争力受到的影响程度也会不同。在排放权交易制度实施之前，各国由于担心“碳成本”导致的出口劣势，将竞争力的讨论主要围绕在“市场占有率”等外贸指标方面。而在排放权交易制度实施之后，竞争力其他方面的指标也被凸显出来。由于电力部门的暴利所引发的广泛关注，“生产者转嫁能力”的重要性受到了重视。[1]为了评估排放交易制度对厂商造成的潜在冲击，Damien et al.（2007）在文章中指出，“能源与电力密集度”与“外贸密集度”也是重要的评价竞争力影响程度的指标。

（一）碳成本对竞争力的影响

总体来说，学术界认为产业竞争力所受的影响主要可以通过“能源密集度”“成本转嫁能力”和“碳减排能力”来考察。一方面，产业的能源密集度和碳减排能力反映制度实施之后企业的碳成本变化的程度：企业的能耗越高，增加的碳成本相应地就会越高；企业在生产中减少（乃至避免）使用煤炭或高耗能原料的能力越

---

〔1〕 Ponssard J. P.，“Walker N. EU Emissions Trading and the Cement Sector：A Spatial Competition Analysis”，*Climate Policy*，2008，8.

弱，增加的碳成本也就会越高。而不断增高的成本将对企业的竞争力造成较大的负面影响。另一方面，产业能否将上涨的成本转嫁给消费者或下游企业也会对竞争力造成影响。在欧盟免费分配配额的第一阶段，电力企业免费获得了大量的配额，同时又提高了电价，它们通过出售多余的配额和电价的提升获得了大量的额外收益；而诸如铝行业这样的下游产业，虽然配额是免费发放的，但是却还要为上涨的电价而买单，若是同时还面临强劲的国内外竞争而难以对铝材提价，那么整个产业受到的冲击将会是比较大的。由上例可以看出，企业若是在不影响它们产品销量的情况下通过提高产品价格的方式可以轻松地转嫁碳成本，那么该产业的竞争力并不会受到太大的影响；而若是由于碳成本的提升而提高售价，企业产品的销量或市场份额就会下降，那么该产业的成本转嫁能力就比较弱，碳管制政策造成的负面影响也比较大。

当然，上述的评价指标都仅是就短期而言的。因为长期来看，企业可以通过调整节能减排技术、开发新能源产品、投资绿色产业等方式来降低碳排放量，同时通过培养熟悉碳交易规则的人才、开发环境友好技术和扶持新能源产业来获得新的竞争优势。这也正是碳交易政策的目标所在。短期内，各指标对竞争力的影响可以通过图 5.1 展示出来。

值得注意的是，欧美官方公布的测算碳泄漏与产业竞争力损失的标准都主要参考了“能源密集度”和“贸易密集度”这两个指标。2008 年 12 月，欧盟通过了排放贸易体系指令[1]的修改版本，

---

[1] “Directive 2003/87/EC of the European Parliament and of the Council of 13 October 2003”, 2009, p. 20.

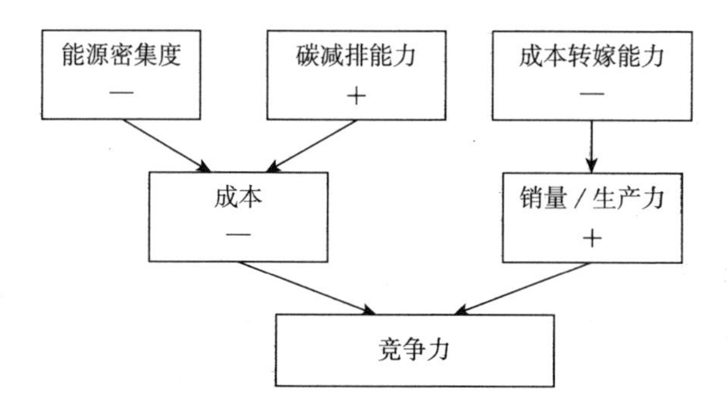

图 5.1　短期内碳成本对竞争力的影响示意图

资料来源：Oberndorfer et al.（2007）.

其中一项重要条款就是要求欧盟于 2009 年 12 月前确认受“碳泄露”影响显著的部门清单。该指令要求通过对直接碳成本（工业二氧化碳排放 × 单位配额价格）、间接碳成本（电力部门转移到下游工业中的碳成本）与贸易密集度的计算，根据第 10 条 a 款基于欧盟 ETS 内碳排放配额完全拍卖的假设前提下，满足以下三条标准中的任何一条即可认为“该工业部门受到了碳泄露的影响”：部门碳成本（直接 + 间接）占部门增加值比重大于 5% 并且部门贸易密集度大于 1；部门碳成本占部门增加值比重大于 30%；部门贸易密集度大于 30%。[1]

2009 年 6 月 26 日美国众议院通过的《美国清洁能源与安全法》（the American Clean Energy and Security Act of 2009，简称 H. R. 2454）公布了判断国内产业国际竞争力是否会受到碳泄露影响的具体标

〔1〕 Hans Bergman，“Sectors Deemed to be Exposed to Significant Risk of Carbon Leakage-Outcome of the Assessment”，Presentation at WG3 Meeting，European Commission，2009，pp. 3 ~ 14.

准。该法案判定凡是达到以下标准的产业可以“合法地免费获得碳排放权”：特定产业的能源密集度或碳密集度至少达到了5%，并且贸易密集度至少达到了15%；或者是特定产业的能源或碳密集度至少达到了20%，此时无论它的贸易密集度是多少均可以受到保护。H. R. 2454同时指出，为了便于统计，对部门的分类采用美国联邦统计局所使用的《北美产业体系》（North American Industry Classification System，简称NAICS）。

碳减排能力相对于其他两个指标更难量化，相关的统计数据也较难获得，在实践中被采用的较少。所以，在评估可能受到冲击的行业时主要采用的是“能源密集度”和“成本转嫁能力”这两方面来进行分析。

（1）能源密集度（energy intensity），指的是生产单位价值最终产品的能源消耗量，和竞争力是负相关的。能源密集度越高的部门，碳成本就越高，就越有可能受到环境政策的冲击。碳成本所受的影响主要来自于两方面：一方面是在碳管制政策下，企业为了生产所需购买额外碳排放权所花费的成本，这被称为直接成本；另一方面是碳管制政策所引发的原材料（如钢材）、电力等生产资料的价格上升，使得下游厂商（如铝厂）的生产成本提升，这被称为间接成本。

根据研究对象的不同，“能源密集度”这一概念被赋予不同的含义。从国家层面上来讲，能源密集度反映的是一国经济活动中所消耗能源的强度，计算方法为一国能源消耗总量除以该国国民生产总值。在行业或部门层面上，“能源密集度”反映的是某行业或部门生产过程中消耗能源的强度。一般来讲，计算方法是某行业的能源消耗总量除以该行业的总产值。不过值得注意的是，部门生产需要的能耗也包括两方面：直接能耗和间接能耗。各部门除了在直接生产产品的过程中需要消耗能源以外，它们在所使用的生产资料本身在生产过程中也是需要消耗能源的。举例来说，2008 年我国生产一吨氧化铝的平均能耗是 800kg 标准煤，而生产过程中还需要耗电。生产一吨铝大致又需要 15 000kwh 的电量，电力的生产也是需要消耗能源的。我们把这 800kg 标准煤称为直接能耗，把电力生产消耗的能源称为间接能耗。从企业的角度来讲，产品的“能源密集度”反映的是生产某一产品所需要耗费能源的强度。对于特定产业，其内部的产品的能源密集度差异可能也很大。比如：同属于高耗能的“化学原料和化学制品制造业”的烧碱和纯碱单位能源消耗也存在差异。为了更加直观，也有学者将能源密集度转化为“CO_2排放强度”（即生产单位价值最终产品的全部 CO_2 排放量）来对产品进行统计。根据此种算法，烧碱和纯碱的“CO_2 排放强度”分别是 0.8078 吨标煤/吨和 0.9539 吨标煤/吨。[1]

具体到碳交易政策的规定，我们注意到欧盟和美国对“能源密集度”的计算方法各不相同。欧盟指令中计算能源密集度的公式为：$I_i = \frac{C_{(\mathrm{direct+indirect})}}{V_{\mathrm{increase}}}$。[2]其中，$I_i$ 指的是 i 部门的能源密集度。$C_{(\mathrm{direct+indirect})}$ 代表碳成本，包括直接成本和间接成本。V_{increase} 代表的

〔1〕 目前，计算产品产生的二氧化碳排放量主要有两种方法：一是利用投入产出模型的测算方法；二是利用生命周期评价的测算方法。刘强（2008）利用全生命周期评价的方法，对中国出口贸易中的46 种重点产品的载能量和碳排放量进行了计算、比较和分析。刘启荣（2010）利用投入产出模型，测算了 2002 年和 2007 年我国出口贸易活动中 31 个产业部门中产品的二氧化碳排放强度。作者根据刘强（2008）提供的数据，按照 IPCC 公布的原煤碳排放系数为 0.7559 加工得知单个产品的碳排放量。

〔2〕 来源：EU DIRECTIVE 2003/87/EC.

是该部门的增加值。用文字表述为：能源密集度为部门碳成本（直接+间接）和部门增加值之间的比值。与此不同，《美国清洁生产和安全法案》中计算“能源密集度”的公式为：$I_i = \frac{E_i}{V_{production}}$，其中$I_i$指的是$i$部门的能源密集度，$E_i$代表的是该部门的能源消耗量，$V_{production}$代表的是该部门的国内生产总值。该计算方法用文字表述即为：部门能源消耗与该部门国内生产总值之间的比值。[1]综合考虑欧美这两种算法，笔者认为在碳交易制度已经运行一段时间，碳排放权价格已经较为平稳的情况下，欧盟的计算方法是更加科学和准确的。不过，由于全国范围内的碳交易尚未展开，作为预测和评估产业竞争力变动的一种指标，美国的算法也是可取的。由于我国的碳交易政策也还未实施，难以估算碳价提高带来的成本，所以本书对能源密集度的分析也将采用美国的算法。

（2）成本转嫁能力，指的是受管制厂商通过提高价格的方式将碳成本转嫁给消费者或下游厂商的能力。成本转嫁能力和竞争力是正相关的，成本转嫁能力越高的行业，其受到的冲击就越小。一般来说，特定产品的成本转嫁能力受制于两方面：价格的需求弹性和竞争水平。一般认为产品价格的需求弹性越低，消费者就越忠诚，产量变动就比较少；而该产品面临的竞争者越少，垄断程度越高，价格变动对销量的影响就越少。同时，这两方面又是互相影响的。某国特定产业若是面对来自其他地区产品的激烈竞争，那么该国此部门产品的价格很大程度上将受制于国际产品的平均价格，难以做

[1] 原文的表述为：An industry's energy intensity is defined as its energy expenditures as a share of the value of its domestic production.

出灵活的调整。举例来说，欧盟在实施碳管制政策之后，钢材的生产成本必定会提升，生产商为了转嫁碳成本必然要求提高销售价格。但在存在对外贸易的情况下，销售商可能将面临两难抉择：如果提高售价，国内市场将被来自印度、土耳其等其他国家的产品挤占（这些国家的产品没有碳成本）；如果保持原价，那么碳成本就只有由生产商自行承担。基于此，Misato Sato（2007）认为对企业成本转嫁能力最大的约束来自于环境政策较为宽松地区的外国竞争者。对于面临激烈国际竞争的产业来说，它们需要面对来自非管制交易地区的国际竞争者，难以将成本转嫁给消费者。所以可以用"外贸密集度"（trade intensity）来评估某产业面临的外贸竞争程度，据此来预测其成本转嫁能力。外贸密集度越高的企业，在碳管制政策下就越有可能受到负面影响。

具体到碳交易政策的规定，欧盟和美国相关文件的规定是一致的。欧盟议会和欧盟理事会通过的 DIRECTIVE 2003/87/EC 指令在第三章第 10 条 a 第 15 款 b 项中指出：贸易密集度定义为出口额加上进口额与共同市场规模（年度营业额与进口额之和）之比。根据美国的规定，外贸密集度的计算公式为：$\mathrm{T}_i = \frac{I_i + E_i}{P_{domestic} + I_i}$。其中，$T_i$ 代表 i 部门的外贸密集度，I_i 代表 i 部门的进口总额，E_i 代表 i 部门的出口总额，$P_{domestic}$ 代表该部门的国内生产总值。用文字的方法表述为：特定部门的外贸密集度为该部门进出口贸易总额除以该部门国内生产总值和进口额之和。基于此概念已有一致共识，下文将采用上述公式对我国的产业部门进行测算。

（二）数据来源及实证分析

由于我国经济部门内部的诸多行业在生产过程、内部产品结构、能源利用及销售渠道方式上均存在较大的差异，从而使得这些产业各自的能源密集度和贸易密集度方面都呈现出较大的差异。按照我国国家统计局公布的行业分类标准，中国工业被划分为39个具体的工业部门。鉴于数据的可得性，本研究在进行分行业计算时采用的是《2007年投入产出表》中的相关数据；进行商品测算和比较时选取的是2007～2009年的年度数据，从39个行业工业部门中剔除了1个数据缺失行业（其他采矿业）和5个垄断性行业（石油和天然气开采业、烟草制品业、石油加工炼焦业、燃气生产供应业及水的生产供应业，垄断行业成本转嫁能力较强，不存在国际市场竞争），对个别产业进行合并后，最终选取24个行业的数据进行研究。研究结果根据《中国统计年鉴》《中国能源统计年鉴》和《2007年投入产出表》提供的数据统计得知。这些部门数据基本上涵盖了我国主要的工业品，能够在较大程度上反映出我国各产业部门的能源和贸易特征。

1. 产业的能源密集度

将相关数据代入公式，得到2007年我国各产业部门的能源密集度（见表5.2）。可以看出，我国能耗最强的行业是非金属矿物制品业，化学工业、金属冶炼及压延加工业紧随其后分列第二和第三。能源密集度大于0.5的有7个产业部门，除名列前三位的上述产业外，还包括煤炭开采和洗选业、电力及热力的生产和供应业、非金属矿采选业、纸及纸制品业。能源密集度大于0.2的有14个产业部门，除上述产业部门外，还包括金属矿采选业、工艺品及其他制造业、橡胶制品业、纺织业、金属制品业、木材加工及家具制造业、食品制造业、塑料制品业。能耗最低的部门是通信设备、计算机及其他电子设备制造业，能源密集度为0.05。这也就意味着我国所有的产业部门的能源密集度都高于0.05。

值得注意的是，在计算时采用的两组数据中，一组来自于《中国能源统计年鉴2008》中关于“我国分行业能源消费总量”条目中选取的2007年的数据，另一组是《中国统计年鉴2008》中“按行业分规模以上工业企业主要指标（2007年）”条目中的数据。其中，“规模以上”指的是年主营业务收入在500万元以上的企业，并未包含所有的企业。所以该组数据会比2007年的分行业国内生产总值略小，计算出来的能源密集度也会略高。但是因为“碳排放交易体系”中涵盖的企业一般也是规模以上企业，所以该组数据仍然是具有很强的参考性。

表5.2 2007年我国各产业部门能源密集度一览表

单位：吨标煤/万元

产业部门	能源密集度	排序	产业部门	能源密集度	排序
非金属矿物制品业	1.31	1	木材加工及家具制造业	0.24	13
化学工业	1.02	2	食品制造业	0.22	14
金属冶炼及压延加工业	1.01	3	塑料制品业	0.20	15
煤炭开采和洗选业	0.78	4	饮料制造业	0.19	16
电力及热力的生产和供应业	0.7	5	医药制造业	0.19	17
非金属矿采选业	0.69	6	通用、专用设备制造业	0.14	18
纸及纸制品	0.53	7	交通运输设备制造业	0.09	19

续表

产业部门	能源密集度	排序	产业部门	能源密集度	排序
金属矿采选业	0.49	8	纺织服装鞋帽皮革羽绒及其制品业	0.08	20
工艺品及其他制造业	0.38	9	废弃资源和废旧材料回收加工业	0.07	21
橡胶制品业	0.36	10	电气机械及器材制造业	0.06	22
纺织业	0.33	11	仪器仪表及文化、办公用机械制造业	0.06	23
金属制品业	0.25	12	通信设备、计算机及其他电子设备制造业	0.05	24

2. 产品的贸易密集度

将相关数据代入公式，得到2007年我国各产业部门的贸易密集度（见表5.3）。在24个产业部门中，我国外贸密集度最高的是仪器仪表及文化、办公用机械制造业，指数高达0.8136；其次是通信设备、计算机及其他电子设备制造业；第三是塑料制品业。外贸密集度高于0.3的有9个部门，除上述三个产业外还包括金属矿采选业、橡胶制品业、木材加工及家具制造业、纺织业、纺织服装鞋帽皮革羽绒及其制品业、电气机械及器材制造业。贸易密集度高于0.15的有16个行业，除上述9个部门以外还包括纸及纸制品、通用、专用设备制造业、废弃资源和废旧材料回收加工业、工艺品及其他制造业、化学工业、金属制品业、交通运输设备制造业。除居于垄断地位的“电力、热力的生产和供应业”外，贸易密集度最低的是饮料制造业，为0.200。从表5.3我们可以看出，我国各产业部门的外贸强度差异非常大，最高的仪器仪表及文化、办公用机械制造业是饮料制造业的41倍。

表5.3　2007年我国各产业部门贸易密集度一览表

产业部门	贸易密集度	排序	产业部门	贸易密集度	排序
仪器仪表及文化、办公用机械制造业	0.8136	1	工艺品及其他制造业	0.2391	13
通信设备、计算机及其他电子设备制造业	0.6554	2	化学工业	0.2299	14
塑料制品业	0.4700	3	金属制品业	0.2265	15
金属矿采选业	0.4068	4	交通运输设备制造业	0.1747	16
橡胶制品业	0.3600	5	金属冶炼及压延加工业	0.1449	17
木材加工及家具制造业	0.3600	6	非金属矿采选业	0.1086	18
纺织业	0.3473	7	食品制造业	0.0806	19
纺织服装鞋帽皮革羽绒及其制品业	0.3362	8	非金属矿物制品业	0.0803	20
电气机械及器材制造业	0.3354	9	医药制造业	0.0700	21
纸及纸制品	0.2800	10	煤炭开采和洗选业	0.0433	22
通用、专用设备制造业	0.2747	11	饮料制造业	0.0200	23
废弃资源和废旧材料回收加工业	0.2494	12	电力、热力的生产和供应业	0.0031	24

（三）检验结果

根据上文的计算，我们可以得知我国各产业部门的外贸密集度和能源密集度。

表 5.4　各产业部门外贸密集度和能源密集度一览表

序号	产业部门	外贸密集度	能源密集度
1	非金属矿物制品业	0.0803	1.31
2	煤炭开采和洗选业	0.0433	0.78
3	非金属矿采选业	0.1086	0.69
4	工艺品及其他制造业	0.2391	0.38
5	纺织业	0.3473	0.33
6	金属制品业	0.2265	0.25
7	食品制造业	0.0806	0.22
8	塑料制品业	0.4700	0.2
9	饮料制造业	0.0200	0.19
10	医药制造业	0.0700	0.19
11	交通运输设备制造业	0.1747	0.09
12	废弃资源和废旧材料回收加工业	0.2494	0.07
13	电气机械及器材制造业	0.3354	0.06
14	仪器仪表及文化、办公用机械制造业	0.8136	0.06
15	通信设备、计算机及其他电子设备制造业	0.6554	0.05
16	金属矿采选业	0.4068	0.49
17	通用、专用设备制造业	0.2747	0.14
18	纺织服装鞋帽皮革羽绒及其制品业	0.3362	0.08
19	化学工业	0.2299	1.02
20	金属冶炼及压延加工业	0.1449	1.01
21	橡胶制品业	0.3600	0.36

续表

序号	产业部门	外贸密集度	能源密集度
22	纸及纸制品	0.2800	0.53
23	木材加工及家具制造业	0.3600	0.24
24	电力、热力的生产和供应业	0.0031	0.70

实践经验告诉我们，受碳排放权分配影响最大的是那些“双高”产业——能源密集度和外贸密集度均比较高的产业，也即通常所说的面临激烈国际竞争的高耗能产业。为了便于我们观察，不妨设定几个参数来讨论我们的结果。美国的能源法案判定凡是达到以下标准的产业可以“合法地免费获得碳排放权”：特定产业的能源密集度或碳密集度至少达到了5%，并且贸易密集度至少达到了15%；或者是特定产业的能源或碳密集度至少达到了20%，此时无论它的贸易密集度是多少均可以受到保护。正如上文所指出的，研究计算出来的能源密集度存在略高于实际情况的可能性，所以我们把能源密集度指标参考值放宽至0.2。同时将贸易密集度的参考值设定在0.15，得到图5.2。

（四）受到冲击的主要行业

我们可以将上图分成四个象限，纵轴为外贸密集度，横轴为能源密集度。若按照碳风险的强弱排序的话，它们分别是：第二象限、第四象限、第一象限、第三象限。位于第一象限的产业属于“外贸密集度高、能源密集度低”的行业，以仪器仪表及文化、办公用机械制造业为代表，它们受到碳排放权分配的影响较弱。第二

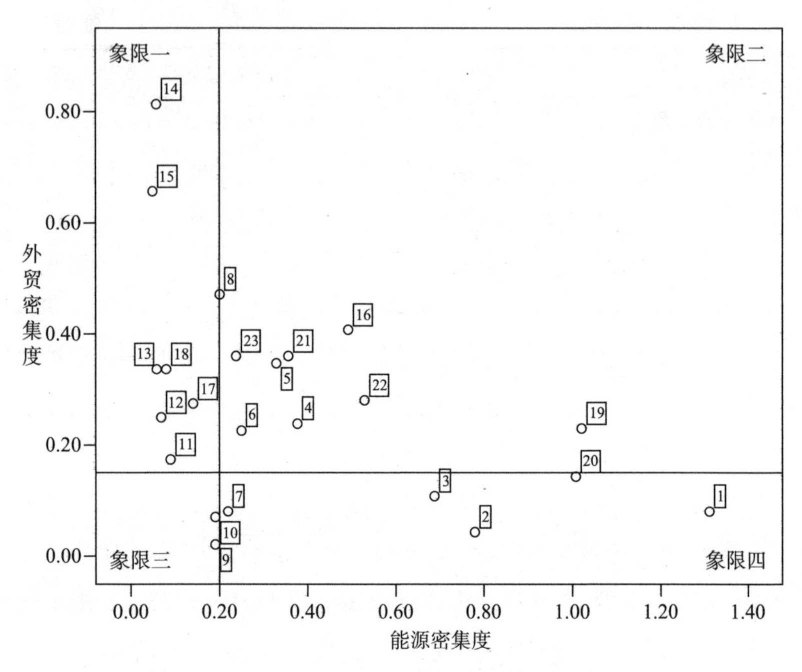

图 5.2　我国各产业部门面临的风险值

注：图中数值 1 代表非金属矿物制品业，2 代表煤炭开采和洗选业，3 代表非金属矿采选业，4 代表工艺品及其他制造业，5 代表纺织业，6 代表金属制品业，7 代表食品制造业，8 代表塑料制品业，9 代表饮料制造业，10 代表医药制造业，11 代表交通运输设备制造业，12 代表废弃资源和废旧材料回收加工业，13 代表电气机械及器材制造业，14 代表仪器仪表及文化、办公用机械制造业，15 代表通信设备、计算机及其他电子设备制造业，16 代表金属矿采选业，17 代表通用、专用设备制造业，18 代表纺织服装鞋帽皮革羽绒及其制品业，19 代表化学工业，20 代表金属冶炼及压延加工业，21 代表橡胶制品业，22 代表纸及纸制品业，23 代表木材加工及家具制造业。[1]

---

〔1〕考虑到“电力、热力的生产和供应业”在我国目前处于垄断地位，所以在此图中不作分析。

象限为最危险区域——“双高产业”（高耗能、高外贸强度）。若是碳排放权制度开始实施，位于第二象限的产业将是受到冲击最大的部门，按照暴露程度排序，它们分别是：纸及纸制品业、金属矿采选业、工艺品及其他制造业、橡胶制品业、纺织业、金属制品业、木材加工及家具制造业、塑料制品业。位于第三象限的产业数量最少，分别是饮料制造业、医药制造业，它们将受到的碳风险最低。位于第四象限的产业代表“外贸密集度低，能源密集度高”的产业，以非金属矿物制品业、金属冶炼及压延加工业为代表。尽管位于第四象限的产业面临的国际市场竞争较低，但是由于能源密集度较高，所以它们将受到的碳风险也较高。值得注意的是，我们的各产业能源密集度实际上都处于较高的水平，上文的“高低”也只是相对而言。

（五）冲击指标之间的关系

为了进一步检验我国外贸密集度和能源密集度两者之间是否存在关联，本研究运用 SPSS 统计软件计算了两者之间的皮尔逊相关系数。表 5.5 的结果显示两者之间的皮尔逊相关系数为 -0.43 ($p < 0.05$)。也就是说，我国外贸密集度和能源密集度之间存在显著的负相关关系，也就意味着我国外贸强度高的产业能源密集度相对还比较低，碳管制政策未必会对我国的出口贸易造成严重的影响，甚至可能还会促进我国的产业升级、提高国际竞争力。

值得注意的是，这个结果和以往的研究可能存在一些冲突，但至少提醒我们以往研究的结果值得进一步检验。

表 5.5 2007 年外贸强度与能源强度相关分析结果

		外贸强度	能源强度
外贸强度	Pearson Correlation	1	
	Sig. (2 - tailed)		
	N	23	
能源强度	Pearson Correlation	-0.43*	1
	Sig. (2 - tailed)	0.04	
	N	23	23

注：* $p < 0.05$.

为了证明上述假设，我们将进一步对高风险行业进行分析。当然，同产业部门中的不同亚部门或产品之间的差异也可能很大，如同属于化工产品的烧碱和纯碱的两项指标差异一定是存在的。本研究的下半部分将选取部分位于第三象限的重点行业来进行研究，通过分析它们近三年的能源强度情况和外贸密集度变化情况以及它们和竞争力的关系来总结各产业可能面临的碳风险类型及应对策略。

三、高风险产业的竞争力分析

受碳交易政策管制的产业是特定的，主要是电力生产行业和能源密集型行业。欧盟的 ETS 将交易制度限定于以下四个部门：能源部门，如电力生产企业；含铁金属的生产和加工；矿业（如水泥和玻璃）；纸浆和造纸业，具体包括炼油、能源、冶炼、钢铁、水泥、陶瓷、玻璃与造纸等八大行业的 12 000 处设施，这些设施的碳排放量占欧洲总量的 46%。其他国家和地区的“自愿减排计划”也主要集中在这些产业。根据欧盟已有的经验总结，该经济体在碳成本增加的情况下受到冲击的行业主要是：铝行业（Aluminium）、钢铁及铁合金（Basic Iron & Steel and Ferro-alloys）、有机化学（Other Basic Inorganic Chemicals）、复合氮肥（Fertilizers & Nitrogen Compounds）、纸及卡纸（Paper & Paperboard）、水泥（Cement）等六大部门。美国为了防止对自身产业竞争力造成负面影响，在气候法案（Waxman - Markey）中规定了碳排放额度退款计划，以补偿能源密集型、贸易密集型的制造产业因为遵守碳排放上限与交易制度带来的成本，从而使其能够在商业上与没有实行类似的碳排放上限制度的外国企业进行公平竞争。我国台湾地区自1998年开始推行的“自发性节能及温室气体减量计划”就是集中在六大能源密集型产业：钢铁、石化、造纸、水泥、化纤、棉布印染。我国出口量最大的能源密集型产品也主要是钢铁、水泥、玻璃等行业。图5.3是我国近三年高能耗产品的出口量示意图。

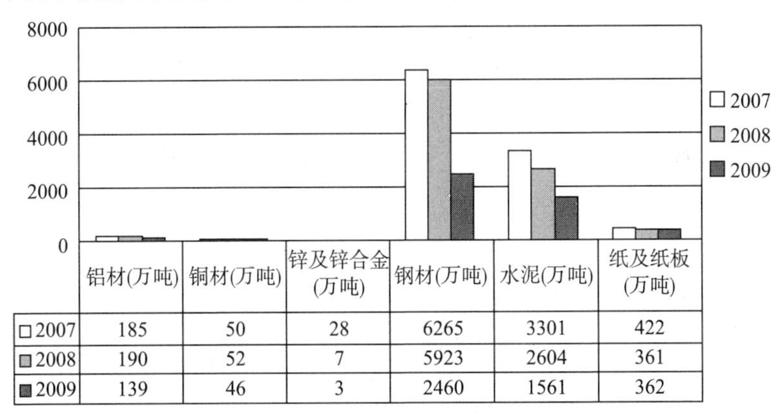

	铝材(万吨)	铜材(万吨)	锌及锌合金(万吨)	钢材(万吨)	水泥(万吨)	纸及纸板(万吨)
2007	185	50	28	6265	3301	422
2008	190	52	7	5923	2604	361
2009	139	46	3	2460	1561	362

图5.3　近三年主要高能耗产品出口情况示意图

可以看出，我国近三年高耗能产品中出口量最大的是钢材，在2007年高达6265万吨；其次是水泥和纸及纸板；铝材位列第四。这些高耗能产品带走了我国大量的能源，排放了大量二氧化碳气体，那么它们的国际竞争力究竟如何呢？在国际贸易中，分析和比较不同国家同一产品的国际竞争力，常常借助于贸易竞争指数。贸易竞争指数一般用来衡量某种商品在一国出口中的重要作用，同时它还可以用来衡量一国某产品的国际竞争力。当用来衡量一国某产品的国际竞争力时，其公式为：（一国某产品对世界出口额 - 一国某产品从世界进口额）/（一国某产品对世界出口额 + 一国某产品从世界进口额）。当结果趋于 1 时，表明该产品国际竞争力强，当结果趋于 -1 时，表明该产品的国际竞争力弱。具体公式为：

$$y_i = \frac{E_i - I_i}{E_i + I_i} \quad (i = 1, 2, \cdots, n)$$

公式中，y_i为第 i 部门贸易竞争指数，E_i为第 i 部门出口贸易额，I_i为第 i 部门进口贸易额。根据《中国统计年鉴》提供的 2005 年和 2009 年的货物进出口统计数据，经计算得知：我国纺织行业的贸易竞争指数最高，分别为 0.64 和 0.72；其次分别是水泥行业（0.57、0.66）、铝行业（0.1、0.05）、钢铁行业（0.03、0.13）、化学行业（-0.23、-0.12）；纸及木浆行业贸易竞争指数最低，分别为 -0.37 和 -0.22。具体如图 5.4 所示。

下文将简单分析部门重点行业：

1. 电力行业

电力行业是我国二氧化碳排放最多的行业，在 2005 年占据了排放量的 46.9%[1]。因此电力行业对于中国应对气候变化至关重要。我国要想成功实现碳减排，必须对电力行业加以重视。只有电

---

〔1〕 我国政府提出的 2020 年碳强度降低目标是以 2005 年为基准的，本章分析主要引用该年度的数据。

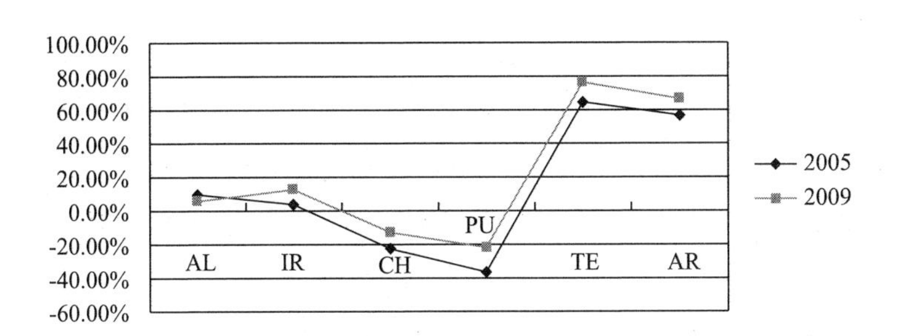

图 5.4　高耗能产业国际竞争力示意图

数据来源：中国统计年鉴。

注：AL：铝及其制品；IR：钢铁及其制品；CH：化学工业及其相关工业的产品；PU：木浆及其他纤维状纤维素浆；纸及纸板的废碎品、纸、纸板及其制品；TE：纺织原料及纺织制品；AR：石料石膏水泥石棉云母及类似材料的制品、陶瓷产品、玻璃及其制品。

力行业的碳减排成功，我国的总体减排目标才有可能实现。[1]而且电力行业相对其他行业而言比较集中，政策实施的效果相对明显，也可以对应对气候变化、减少二氧化碳排放做出重要的贡献。

与西方国家相比，我国电力行业体现出很强的初期工业化特征。[2]我国的电力行业与美国相比表现出两大不同：

(1) 用电需求结构不同。美国主要是居民和商业用电占据较大的比重，而中国则是工业用电占据较大的比重。[3]美国 2009 年净电力需求为 35 755 亿千瓦时[4]，其中居民电力需求为 13 629 亿千

〔1〕 杨博："我国电力企业低碳经济之路"，载《华北电力大学学报（社会科学版)》2011 年第 1 期。

〔2〕 胡军峰、Fredrich Kahrl、丁建华："中美电力行业应对气候变化比较"，载《中国市场》2011 年第 7 期。

〔3〕 左鑫："美国低碳电力技术综述"，载《华中电力》2010 年第 5 期。

〔4〕 美国用电量统计口径为净用电量，即不包括厂用电、输电线损和抽水蓄能用电量。美国的数据都来源于美国能源信息署。

瓦时，占 38.12%；工业电力需求为 8819 亿千瓦时，占 24.67%；商业电力需求为 13 307 亿千瓦时，占 37.22%。中国 2009 年净电力需求为 31 515 亿千瓦时，其中居民电力需求为 4575 亿千瓦时，占 14.52%；工业电力需求为 22 056 亿千瓦时，占 69.99%；商业电力需求为 3944 亿千瓦时，占 12.51%。

（2）发电结构不同。美国 2009 年净发电量为 39 531 亿千瓦时，其中煤电为 17 645 亿千瓦时，占 44.64%；天然气发电为 9204 亿千瓦时，占 23.28%；水电为 2721 亿千瓦时，占 6.88%；核电为 7987 亿千瓦时，占 20.20%；可再生能源发电量为 1411 亿千瓦时，占 3.57%。中国 2009 年发电量为 36 812 亿千瓦时，其中火电为 30 117 亿千瓦时，占 81.81%；水电为 5177 亿千瓦时，占 14.06%；核电为 701 亿千瓦时，占 1.90%；风电为 276 亿千瓦时，占 0.75%。

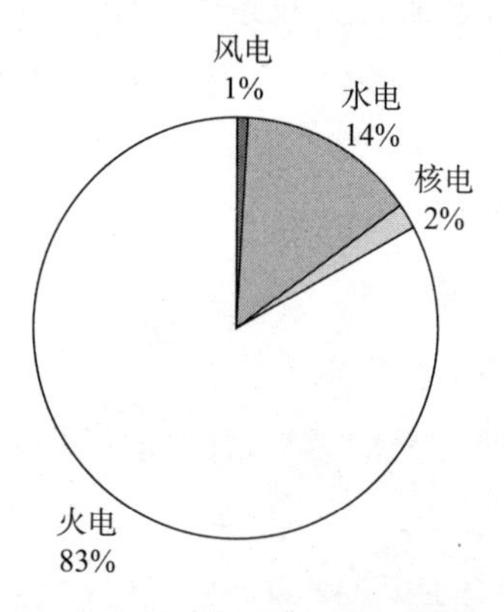

图 5.5　中国发电结构示意图

数据来源：胡军峰等（2011）。

通过图 5.5，我们可以观察到我国发电结构单一，主要以煤电为主。我国“富煤、少气、缺油”的资源条件，决定了将来较长一段时间内我国的能源结构都将以煤为主。更为不利的是，我国正处在工业化、城镇化快速发展的关键阶段，电力需求增长也会比较快。所以在这样的时期提出碳减排的要求，对电力行业来说是很有挑战的。

值得注意的是，我国电力行业其实已经开始在国际碳交易市场上试水。可惜的是，由于我国还没有真正的碳交易市场，认证标准掌握在西方国家手里。中国的电力企业在为世界碳交易市场提供大量碳减排信用的同时，却在整个碳交易的产业链中处于最低端。从2009年年中开始，联合国清洁发展机制（CDM）执行理事会甚至开始拒绝核准来自中国的风电等CDM项目。[1]所以我国应及早做出行动，建立与世界接轨的碳交易市场，掌握在碳交易市场中的话语权才是上策。当然，在碳交易政策实施之初，对电力行业免费配送碳排放权已是国际惯例。排放绩效（emission performance，EP）机制是电力行业控制气体排放的一种新机制，在SO_2排放控制领域的应用已比较成熟。[2]我国在电力企业分配时不妨借鉴此法来进行免费分配，以减少碳成本对电力行业及下游产业竞争力所造成的冲击。[3]

2. 金属冶炼及压延加工业

金属冶炼及压延加工业是高耗能产业部门，能源密集度位列前三甲，高达1.01。同时，在该行业中产品之间的能耗量也差异很大。表5.6显示了我国金属冶炼及压延加工业主要产生的单位碳排

〔1〕 林锐："低碳经济对我国电力企业的影响及应对"，载《电力与电工》2010年第1期。

〔2〕 边兴玉、赵杰、曹华英："电力行业排放绩效标准（GPS）的运行机制和特点"，载《山东环境》2003年第1期。

〔3〕 谢传胜等："中国电力行业碳排放配额分配——基于排放绩效"，载《技术经济》2011年第11期。

放量。其中铝材单位碳排放量为8.8421，位列能耗榜第一位。

表5.6　我国金属冶炼及压延加工业主要产品单位碳排放量

行业	单位产品碳排放量	行业	单位产品碳排放量
铝材	8.8421	钢材	1.0354
未锻造铝及合金	7.1281	钢坯及粗锻件	0.9031
未锻造锌及锌合金	2.2920	未锻造铅及铅合金	0.8014
锌材	2.2920	铅材	0.8014
未锻造铜及合金	2.2201	硅铁	0.5558
铜材	1.5721	生铁及镜铁	0.5558

资料来源：根据刘强（2008）加工整理。

事实上，各国在碳排放权分配时均将铝行业视为面临国际竞争的能源密集型产业，作为保护竞争力的重点对象。[1]目前中国铝工业的行业现状是大而不强，行业集中度相对较低、重复建设现象严重、竞争激烈，虽然原铝产量占世界份额较高，但基本没有定价权；铝土矿资源统一规划、保护和有序开采工作不力，企业和地方政府为追求短期经济利益过度开发资源现象严重。[2]氧化铝受资源限制，不少企业工艺能耗偏高；电解铝重复建设、无序扩张、地方保护、恶性竞争比较严重；行业大多集中在上游氧化铝、电解铝和低端铝加工业，下游高附加值产业发展不足；企业产业链不完整，

〔1〕 Demailly D., Quirion P., "European Emission Trading Scheme and Competitiveness: A Case Study on the Iron and Steel Industry", *Energy Economics*, 2008, 30 (4).

〔2〕 张晓平、王兆红、孙磊："中国钢铁产品国际贸易流与碳排放跨境转移"，载《地理研究》2010年第9期。

创新能力和空间低，抗市场波动风险能力弱；产品附加值低；因企业利益主体多元，企业间现有的一些先进的技术推广应用不充分。[1]

与此同时，我国该行业的国际竞争力较弱。[2]2009年，我国黑色金属冶炼业及压延加工业的国际市场占用率为7.09%，贸易竞争指数为-0.11；有色金属冶炼业及压延加工业的国际市场占有率仅为3.59%，贸易竞争指数为-0.54。面对如此激烈的国际竞争压力，再加上电价和碳成本的直接压力，若是被纳入碳交易体系，该行业应该重点保护。

3. 纸及纸制品业

我国纸及纸板的生产量和消费量均居世界第一位，随着世界经济格局的重大调整和我国经济社会转型的明显加速，我国造纸工业发展面临的资源、能源和环境的约束日益突显，亟须加快结构调整。[3]2016年，由工业和信息化部编制发布的《轻工业发展规划(2016~2020年)》提出了“节能减排成效显著”的目标，要求规模以上单位工业增加值能耗比2015年下降18%，单位工业增加值用水比2015年下降23%，单位工业增加值二氧化碳排放量比2015年下降22%，推动造纸工业向节能、环保、绿色方向发展。[4]纸及纸制品行业属于高耗能行业，而我国单位碳排放量相对来讲比较高，

---

〔1〕王祝堂：“中国着力建设低碳铝工业”，载《有色金属加工》2010年第6期。

〔2〕佚名：“我国采矿业和有色金属冶炼及压延加工业竞争力不足”，载《中国有色建设》2010年第4期。

〔3〕李石波：“把握碳融资机遇，提高造纸企业可持续发展竞争力”，载《中华纸业》2011年第1期。

〔4〕http://www.paper.com.cn，最后访问时间：2016年8月8日。

面临的减排形势严峻。[1]从表5.7可以看出，我国纸业和发达国家日本的同行业单位能耗量差距是很大的。

表5.7 中国和日本纸和纸板行业单位能耗比较

单位：千克标煤/吨

	2007	2008	2009
中国	1255	1153	1090
日本	610	626	580

资料来源：国研网数据中心。

注：日本也已实施国内的碳交易制度。

与此同时，我国造纸产品总体上国际竞争力不高。[2]与贸易大国相比，国际市场占有率还较低。2007年德国纸张的市场占有率（11.82%）最高，芬兰次之，然后是瑞典、美国、法国和中国（4.57%）。同时，我国纸业还存在着很大的进口需求。[3]我国进口废纸主要来自美国、日本、英国、荷兰等存在较严厉环境规制政策（如碳交易）的国家。在这样的情况下，将纸业及早纳入我国碳交易制度体系，一方面可以与国际接轨，为完善碳排放权分配制度积累经验，另一方面也可以防止发达国家可能对我国加征的"碳贸易保护措施"。

4. 化学工业

化学工业是国民经济基础产业，也是经济全球化进程中最活跃

---

〔1〕 辛文："我国造纸业及主要出口产品的国际竞争力分析"，载《西安财经学院学报》2010年第4期。

〔2〕 孟庆勋等："中国制造年度实力榜2009~2010行业国际竞争力指数"，载《中国海关》2010年第11期。

〔3〕 沈芳芳等："纸浆造纸企业的碳排放计算披露与查验"，载《中国外资》2011年第14期。

的产业部门之一。由于化工产品广泛地用于工业、农业、人民生活等各个领域，因此化学工业生产的规模、技术水平和门类齐全度是一个国家经济发展水平的重要体现。[1]同时，化工行业又是个高耗能产业。2007 年我国化工行业的能源密集度高达 1.02，仅次于非金属矿物制品业，位列耗能榜第二。

表 5.8　我国化工产业主要产品单位碳排放量一览表

单位：吨标准煤/吨

行业	单位产品碳排放量	行业	单位产品碳排放量
黄磷	7.2054	塑料制品	2.2201
橡胶	3.5784	塑料	1.696
肥料	2.436	纯碱	0.9539
电石	2.3302	烧碱	0.8078
乙烯当量	2.292		

尽管该行业不同产品间能源消耗量差异较大，但都面临着激烈的国际竞争。近年来，随着经济全球化和贸易自由化的进一步发展，化工产品进口关税进一步降低，我国化工产品在国内外市场上面临更加激烈的市场竞争。2009 年，我国化学原料及化学制品制造业的国际市场占用率仅为 5.25%，贸易竞争指数为 -0.43，行业整体竞争力不容乐观。由于受到全球金融危机的影响和欧美等国家对进口化工产品环保标准的提高，加之近几年人民币的大幅升值、

[1] 赵亮："我国化工产品出口的国际竞争力分析"，载《商场现代化》2010 年第 22 期。

国际原油价格波动的不确定性等因素的影响，使得我国化工产品的出口面临更加严峻的形势。在此时机若将化工行业纳入碳交易体系，应从保护竞争力的角度谨慎考虑碳成本的追加会引发的一系列问题，建议在初次碳排放权分配时采用免费配送的方法。

第六章　我国碳排放权初始分配制度的构建

一、碳排放权初始分配的基本议题

（一）基本原则

碳排放权如何分配在我国是一个新问题。因为碳排放权对我国管理部门、生产企业来说都是一项新型权利，所以对碳排放权的分配必须要非常慎重。在分配过程中要明确该项制度的主要目的是帮助我国更好地实现节能减排的环境目标，同时在实施的过程中要尽量降低社会成本，并且不能以牺牲经济的发展为代价。我们认为在碳排放权初始分配过程中环境有效性、经济效率性和保护竞争力应当是三项基本原则，必须贯彻在政策实施的始终。

1. 环境有效原则

碳排放权初始分配时应考虑如何最大限度地实现节能减排的目标。我国继 2006 年首次超过美国并成为全球最大的碳排放国之后，近几年排放增速不断加快。据世界资源研究所报道，2014 年中国温室气体的排放总量达到了 116 亿吨。[1]在自身可持续发展要求和国际社会的双重压力之下，我国政府提出了控制温室气体排放的行

[1] http://www.climatewatchdata.org/countries/CHN.

动目标，决定到2020年全国单位国内生产总值二氧化碳排放比2005年下降40%~45%，作为约束性指标纳入“十二五”及其后的国民经济和社会发展中长期规划，并制定相应的国内统计、监测、考核办法加以落实。[1]同时，我国在2011年就明确提出了要逐步建立碳排放交易市场的目标。2016年我国政府进一步提出了深度参与全球气候治理，推动气候变化领域的务实合作，研究并向联合国通报我国21世纪中叶长期温室气体低排放发展战略的规划。[2]

具体来讲，到2020年，单位国内生产总值二氧化碳排放比2015年下降18%。我国在设计碳排放权交易制度时不妨以此为参照设定一个总量控制目标，按照该目标计算出各部门的可供排放量，然后再分解到各个行业、生产企业来落实减排任务。在开始阶段，以一配额等于一吨排放量的标准，可以先按照“照常生产”的标准由企业来申报碳排放权需求，并进行免费配送。等到这些生产企业对碳交易的运作有了一定经验之后，就可以根据减排的需要在总量上逐步削减碳排放权，激励企业自发节能减排。

2. 经济效率原则

碳排放权的初始分配要尽量使配额能被分配到对其估价最高的使用者手中，并促使以最小的成本来实现减排目标。经济效率包括静态和动态两方面。静态效率指的是短期内通过最佳方式分配碳排放权，最小化直接成本以达到特定减排目标；动态效率指的是长期

---

〔1〕 王金南等：“十二五时期污染物排放总量控制路线图分析”，载《中国人口·资源与环境》2010年第20期。

〔2〕《国务院关于印发“十三五”控制温室气体排放工作方案的通知》，成文日期2016年10月27日，索引号000014349/2016－00211。

来看通过提升技术创新、产业升级来达到最小化成本的目标。以欧盟的经验来看，相较于没有碳交易的情况，大多数国家都有净福利的取得，并在2009年实现了排放总量同比下降11%。

为了达到该目标，首先就需要在配额分配时保证数量的适当性，体现资源的稀缺性。欧盟的碳排放权分配时就有这方面的反面教训。因为在第一阶段大部分的成员国都按照历史排放量来免费分配配额，为了获得更多的碳排放权，很多生产企业都夸大或虚报历史排放量，结果造成该阶段的碳排放权的过量发放，进而使得一些国家的总排放量不降反升。[1]所以在第二阶段的分配中，大部分的国家都开始选用标杆法来进行分配，而拍卖法的比例也在逐步提升。其次，要保证碳排放权的“准物权”性。只有得到了法律层面上的保护，才能消除配额交易中的不确定性，增强投资者的信心。当碳排放权被确认为“准物权”之后，各生产企业在购买配额时才会更有信心，节能减排也不再是强制性的任务，而转变为确定会带来收益的创新行为。这会极大地刺激企业在减少碳排放方面做出更多的努力。再次，为了实现效率目标，我国政府在配额分配时还应有足够高的透明度，对相关程序和信息都应该及时地告知公众。这在政策实施初期可以起到教育大众的作用，而在排放源申报、获得和交易碳排放权过程中可以极大地降低交易成本，增强民众对碳交易制度的信心。除此以外，在配额拍卖中设定最低价格、在免费分配时设立最佳绩效标准等方法都被认为可以促进分配效率的实现。

---

〔1〕 Joseph E. Aldy, William A. Pizer, “The Competitiveness Impacts of Climate Change Mitigation Policies”, *Journal of the Association of Environmental and Resource Economists*, 2015 (9).

3. 保护竞争力原则

我国经济已进入工业化快速发展阶段，要实施碳管制政策，就必须在配额分配阶段就开始重视对工业部门竞争力的保护，防止对生产企业造成过度冲击。[1]我国迟迟没有出台碳交易制度很重要的一个原因就是考虑到我国要成为全球制造中心、创造中心还需要大发展，如果在气候政策上一味冒进，可能会对成长中的企业不利。[2]再加上我国的出口优势主要就集中于劳动密集型和资源密集型产业中，碳交易政策一旦实施，碳成本可能就会影响这些行业的国际竞争力，进而影响我国经济的整体发展。当然，及早开始碳交易制度，也未必全是坏处。早些开始制度试点、实施，可以降低被欧盟、美国等国家开征碳关税的可能性，并在国际交易市场中掌握主动权。

当然，在这方面也要区别情况来对待。欧盟的经验显示，电力部门参与者通过在排放权交易市场调整产品价格的策略，可以转嫁60% ~100% 的机会成本；而多数产业，如水泥、钢铁、精炼、纸浆、造纸等也能通过产出与价格的调整，取得从免费分配制度中获利的可能性；而一些处于最下游的产业，如铝产业，由于面临激烈的国际竞争难以降低价格，面临竞争力冲击的危险。[3]基于此，在欧盟交易制度的第二阶段，多数成员国都通过降低具有成本转嫁能力的电力部门的免费分配量的方法，来降低部门间分配的不公平现

---

〔1〕 董敏杰、梁泳梅、李钢："环境规制对中国出口竞争力的影响——基于投入产出表的分析"，载《中国工业经济》2011 年第 3 期。

〔2〕 金碚："资源环境管制与工业竞争力关系的理论研究"，载《中国工业经济》2009 年第 3 期。

〔3〕 Grubb M., Neuhoff K., "Allocation and Competitiveness in the EU Emissions Trading Scheme: Policy Overview", *Climate Policy*, 2006, 6 (1), pp. 7 ~30.

象；同时对面临激烈国际竞争的高耗能产业免费发放碳排放权，并通过配套措施对竞争力进行保护。[1]

（二）排放权的总量

我国的碳排放交易应该采用总量—限额交易法。碳排放权的总量控制可以创造出配额的稀缺性，进而促进碳交易政策的成功实施。配额总量控制主要包括了三方面的内容：配额的总数量、配额总量的时间跨度和配额总量的地域范围。鉴于地域范围的讨论涉及更复杂的内容，本部分仅就配额的总数量和时间跨度进行讨论。

碳排放权的数量控制要把握好“度”的要求。初期配额分配往往容易过量，欧盟在第一阶段分配时就出现了这样的问题，导致大多数成员国的实际减排效果都很差。当配额分配过多时，配额的稀缺性就会下降，交易的需求就会降低，导致交易量的减少；当配额分配太少时，配额的稀缺性过高会导致流动性的下降。大致来讲，配额分配主要是要根据历史排放量提供的数据，结合减排目标来确定。碳排放权的总数量计算方法应该是按照“照常生产”的标准推算出总排放量，再扣除掉减排政策所要求的减排量，最后按阶段、按行业进行分解。分解的首要原则应该是：前一年的碳排放权数量一般应该小于后一年的配额数量，也就是碳排放权数量应该随着时间的增长而减少。只有这样才能体现碳减排政策的环境保护宗旨。

具体到各部门的配额分配时，不仅要考虑到减排目标，还要考虑到产业的成长性、减排潜力和与总减排量的一致性等因素。这被

[1] Demailly D., Quirion P., “CO2 Abatement Competitiveness and Leakage in the European Cement Industry under the EU ETS: Grandfathering versus Output-based Allocation”, *Climate Policy*, 2006, 6 (1), pp. 93 ~ 113.

称为外生标准（历史排放量）和内生标准结合的分配方式。欧盟在部门间分配时采用的就是该方法，将上述内生标准具体化为成长因子、潜力因子和遵行因子加以考虑。我国电力行业二氧化硫减排交易试点失败的原因，就在于配额的分配没有考虑到未来产业成长的需要，导致总额过少，结果各电力公司都把减排形成的二氧化硫配额储存起来不进行交易。因为它们预计到未来扩大装机容量是发展的基本需要，都准备把多余的配额用于自身新增产能的需要。此外，我国也可以根据各部门能源密集度的不同采用不同的分配策略。英国政府就是根据部门的承受能力将它们分为一般部门和大型电力生产部门，采用不同的方式：按照“照常生产”的标准将排放配额发放给一般部门，而以低于“照常生产”的标准将配额发放给大型电力生产部门。原因是大型电力生产部门最具减排潜力，同时碳成本转嫁能力较强，对竞争力造成的冲击会比较小。

我国的碳排放交易体系应该是分阶段进行的。我国政府提出控制温室气体排放的行动目标，决定到 2020 年全国单位国内生产总值二氧化碳排放比 2005 年下降 40% ~45%。要实现该目标不可能一蹴而就，碳排放交易制度也需要一个过程来学习和掌握。所以我国不妨将交易制度分为两阶段实施，第一阶段为 2012 ~2015 年，第二阶段为 2015 ~2020 年。我们可以将 40% ~45% 的单位减排量在这几年间进行分解。第一次配额分配量为 2012 ~2014 年三年配额的总量，所有的分配指标和参数将在 2015 年进行更新；第二次配额分配量为 2015 ~2020 年五年配额的总量，以增强厂商调度的灵活性。在 2012 年先参照碳减排任务将配额分配给各参与人，等到 2015 年第二阶段开始时，配额参与人的分配数量可以进行一次更新，以更客观地反映实际需求。第一阶段为试点阶段，主要任务是熟悉碳排放交易的规则：确定碳排放权的管理机构，是国家应对气候变化领导小组还是发改委或是环境部；建立标准化的合同形式；颁布规范碳排放权分配和交易的法令；参与者学习相关财务（税）的处理内容；增加中介机构和验证单位的经验。在积累了前阶段实施的经验，对免费分配的各种指标方法有了更灵活地掌握，对拍卖法在试点的基础上也能客观地分析之后，再于第二阶段在更广的行业范围内开展全面的碳排放权交易，争取顺利完成承诺的减排量，同时与世界其他国家和地区的碳交易市场展开合作，逐步掌握世界碳交易的定价权。

（三）涵盖的行业范围

我国碳交易制度不宜全行业覆盖，而应该慎重选择。欧盟的ETS排除了交通运输、建筑等部门，将交易制度限定于以下四个部门：能源部门，如电力生产企业；含铁金属的生产和加工；矿业（如水泥和玻璃）；纸浆和造纸业，具体包括炼油、能源、冶炼、钢铁、水泥、陶瓷、玻璃与造纸等八大行业的12 000处设施，这些设施的碳排放量占欧洲总量的46%。我国台湾地区自1998年开始推行的“自发性节能及温室气体减量计划”就是集中在六大能源密集产业：钢铁、石化、造纸、水泥、纺织业、棉布印染。[1]总体来看，各国的碳交易制度涵盖范围主要包括的是能源及工业部门，我国也不妨以此为鉴。在第一阶段的交易计划中，将电力部门和少量工业部门先纳入试点范围；在第二阶段的交易计划中再扩大管制范围，将电力、热力和矿物油这些能源行业、金属制品业、化工业、

---

〔1〕 官云卿：“排放权核配方式对产业经济与环境效率的研究”，台北大学自然资源与环境管理研究所2008年学位论文。

纺织业等其他高耗能工业行业纳入其中，具体分析如下：

1. 能源部门

能源部门主要指的是电力和热力的生产和供应部门。欧洲在六个减排部门中，对公共事业的供电供热部门要求最严格。美国的区域减排计划 RGGI 覆盖的减排行业只有电力部门，澳洲的西南威尔士的温室减排计划也只有电力部门。这主要是因为公共事业供电供热部门通常被认为减排潜力更大。此外，由于供电供热的需求存在网络供应的特点，有一定的市场垄断度，不易削弱减排区域供应商的产业竞争力；而对减排涉及的排放企业来说，它们可以通过提高电价的方式来转嫁碳成本。减排如果从电力开始，允许电力价格的上升，将有助于纠正能源价格的扭曲，促进用电大户高耗能产业采取节能措施控制成本，也可以间接促进多行业减排。

我国在碳交易初始阶段也应该将电力生产和供应部门纳入其中，减排的重点应当是火电生产行业。[1]2009 年，我国电力行业的 CO_2排放量占到全国的 35.86%，在当前构建低碳社会的大背景下，电力行业作为我国控制碳排放的重要领域，必须承担更多的责任。[2]我国发电能源结构中火电占到 81.81%，火电厂还主要是以煤电为主，天然气占的比重都很少，所以减排潜力还是比较大的。同时，我们也应考虑到电力生产和供应部门处于制造业上游，碳政策一旦实施定会在一定程度上影响电价以及能源的供应与需求，对下游的

---

〔1〕 李洁尉、钮海东："广东要低碳，电力是重点"，载《广东科技报》2010 年 6 月 11 日。

〔2〕 张安华："哥本哈根会议与电力工业低碳发展"，载《电力需求侧管理》2010 年第 1 期。

其他产业造成一定的影响。

2. 工业部门

工业部门主要是以高耗能的制造业为调整对象。按照欧盟的经验，工业次部门主要包括钢铁、水泥、造纸、化学、石灰、耐火砖、砖瓦、食品、玻璃、木材和机械。一般来说，欧盟的国家分配计划是将配额先分配给工业部门，再由部门分配到上述的次部门，再由次部门分配给所属的生产企业。我国的情况是各工业各部门的能耗量相比欧美等工业化国家都是比较高的。我国能耗最强的行业是非金属矿物制品业，化学工业、金属冶炼及压延加工业紧随其后分列第二和第三。能源密集度大于0.5的有6个产业部门，除名列前三位的上述产业外，还包括煤炭开采和洗选业、非金属矿采选业、纸及纸制品业。

在选取涵盖的工业部门时，还应考虑行业所面临的国际贸易情况。2009年我国占世界贸易进出口总额的比重已经达到9.8%，当年成为世界上最大的出口国和第二大进口国，是欧盟、美国和日本三大经济体的最大进口来源地。目前，我国粗钢、煤炭、水泥、化肥、棉布、冰箱、电话等工业产品的产量居世界第一。现在欧盟、美国和日本均已开展碳交易制度，若我国一直不采取积极的碳政策，必将遭受这些国家“碳关税”的制约，所以不妨及早试点实施碳交易。值得注意的是，我们也应预计到碳成本可能会在一定程度上削弱我国产品的价格优势，使国内生产企业面临成本上涨的压力。

参照各国已有的做法，结合我国工业发展情况，不妨在实施的第一阶段（2012～2015年）先将非金属矿物制品业（代表商品是水泥)、金属冶炼及压延加工业（代表商品是钢铁和铝材)、纸及纸制品业纳入减排体系进行试点。等到这些行业积累了一定经验，在第二阶段（2015～2020年）再逐步向化学工业、非金属矿采选业、纺织业等其他工业部门扩展。我国的非金属矿物制品业是能源密度最高的部门，密度达到了1.31，不过外贸强度较低为0.0803，位于风险区域的第四象限。其代表商品是水泥，其产量居世界第一，出口量非常大，不过出口贸易对象以发展中国家为主。金属冶炼及压延加工业也是能源密集度很高的部门，密度达到了1.01，外贸密集度为0.1449，位于风险区域的第四象限。纸及纸制品业在这三个部门中能源密集度相对较低，为0.53，但是外贸密集度较高，达到了0.28，属于位于第三象限的高风险区域。所以，我们在对这三个行业实施试点时，也要注意对它们的国际竞争力的保护问题，准备好相关预案防止可能造成的损害。此外，在对这些产业进行配额分配时也应考虑到它们各自的不同情况，采用灵活的分配方式。具体可以根据对它们的竞争力的冲击情况、减排成本转嫁的能力、技术上的可行性、碳管制对部门投资意愿的冲击等因素来考虑。

二、初始分配的主要方式

总体上，我国碳排放配额的分配应该遵循以免费分配为主，少量进行拍卖法试点的思路。在免费分配方法的选用上，应以溯往制为主，再根据规划要求和实践反馈对配额分配量定期更新。在运用溯往制时，首先要考虑的问题便是基准年的选择。基准年的选择涉及早晚、跨度、先期行为奖励等问题。一般来说，国家碳排放量是随着时间的推移而不断增长的。所以减排基准年的时间越早，国家实际减排义务就越大，数据的准确性就越弱，还会有更多的厂商被视为“新进入者”；基准年的时间越晚，减排的难度虽然降低，数据获取也更容易，但是早期开展减排行动的厂商获得的奖励也会越少。另外，如果只选取某一特定年作为基准，数据的代表性就会降低。例如，2008年我国的工业部门受到美国“经济危机”的冲击，产量下降，若以该年度作为基准年则会造成减排难度的提升。而如果选择较长的一段时期，如3～5年作为基准年，则反映的情况就比较客观一些了。我国政府作出承诺到2020年全国单位国内生产总值二氧化碳排放比2005年下降40%～45%，选取2005年作为参照年份从时间远近来看是比较合适的。考虑到5年的期间数据会更具代表性，建议我国将2003～2007年这5年间的数据平均值作为分配的基准年。

在分配的第一阶段（2013～2015年），免费分配将以历史排放量为主，结合产出指标进行。尽管欧盟的经验认为产出指标在分配时有诸多优点，但是较排放量指标对产品的同质性、规制者的投入时间和获取信息能力都提出了更高的要求。考虑到可操作性和易于接受程度，在工业部门分配时可以采用以历史排放量为主要指标的祖父制。而由于电力部门的产品同质性较高，可以采用以产出为指标的分配方法。江苏省电力行业二氧化硫排放权交易试点中采用的排放绩效标准（GPS）就是一种典型的以产出为指标的免费分配方法，值得我们在碳排放权分配时借鉴。等到产出指标分配法在电力行业有了一定经验之后可以再向具备条件的其他工业行业推广。在第二阶段（2015～2020年），电力部门还可以进行标杆法的试点。该方法在ETS的第二阶段广受欧盟学者推崇，其优点在于鼓励厂商降低单位产出的碳排放量，对产品的价格扭曲较小，可降低贸易竞争对产业造成的压力。

鉴于拍卖制被经济学家们普遍认可，我国也不妨于第一阶段在电力部门留出1%的配额进行拍卖试点，在第二阶段再从总额中拿出5%的配额用于各部门的拍卖。试点阶段采用电力行业的原因是该部门最具减排潜力，同时碳成本转嫁能力较强，较不容易受到国际市场竞争的影响。在拍卖的具体方式上，可以采用统一价格—密封拍卖法。美国的RGGI碳排放权交易计划、欧盟碳排放权交易计划采用的都是此种方法。因为统一价格—密封拍卖在期望收益、有效性和公平性方面都较其他方法要更高，且简便易行，在政策实施初期较容易推行。同时为了保证拍卖收益的最大化，不妨在拍卖时设置保留价格，为试水中的交易提供一个价格信号。

（一）电力行业

在碳交易制度实施之初，配额在电力行业的分配应当以免费分配为主，保留小部分作为拍卖试点。碳交易制度要在实施之初获得各行业的认可并非易事。[1]免费分配的方法可以缓解制度实施的压力，不仅不会增加电力企业的成本，反而会为那些已完成部分减排的厂商增加一笔可以在市场上出售的资产。因此其很容易被企业接受，在实施过程中减少来自企业的阻力。欧盟的第一阶段分配中电力企业主要就采用的是祖父制的免费分配方法，而在第二阶段则开始采用标杆制的免费分配方法和拍卖的混合分配方法。因为电力厂商在产品和生产流程方面存在较高的可比性，确立标杆的难度相对较低，所以标杆法具可行性；同时电力行业存在一定的垄断性，减排厂商的产业竞争力不易被削弱，所以拍卖法也具备适用的条件。

---

〔1〕 曾鸣、马向春、杨玲玲："电力市场碳排放权可调分配机制设计与分析"，载《电网技术》2010年第5期。

考虑到可操作性，我国电力部门的碳排放权分配在初期也应该采用以产出为指标的免费分配制，具体方法可参照“排放绩效标准”（generation performance standard，GPS）。排放绩效标准是指单位时间内发电机组/电厂或发电公司每发一度电所产生的某种污染物的数量，用来反映单位电量的该种污染物的排放强度。基于 GPS 来对电力部门进行碳排放权分配时，首要工作是确定分配目标电厂未来的 GPS 基准值，然后按照电厂的发电量确定各电厂未来取得的排放量分配配额。按照排放绩效标准，碳排放权的具体分配步骤如图 6.1 所示：

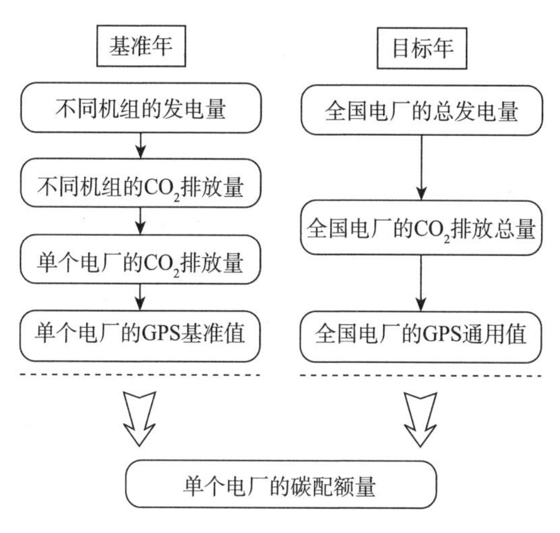

图 6.1　电力企业碳排放权分配流程图

（1）确定电厂发电量。为了体现公平原则，火力发电机组的发电量按装机容量乘以全国现有火电机组的平均运行时间来计算；供热机组还需将供热量折算为发电量，加和得到综合发电量，热电转换参数为 1MJ = 0.278 千瓦时。具体计算公式为：

$$Q_C = \sum_{i=1}^{6} Q_{c,i} \qquad \text{公式（1）}$$

公式1中：Q_C表示单个电厂的发电量（万千瓦时）；$Q_{c,i}$表示容量等级为i的所有机组的发电量（万千瓦时），其中机组容量等级为可分为六级：大于等于100万千瓦机组、大于等于60万千瓦且小于100万千瓦机组、大于等于30万千瓦且小于60万千瓦机组、大于等于20万千瓦且小于30万千瓦机组、大于等于10万千瓦且小于20万千瓦机组、小于10万千瓦机组。

（2）确定基准年电厂CO_2排放量。这是确定电厂GPS基准值和对电厂进行碳排放权分配的基础。各电厂的CO_2排放量可通过累加不同容量等级机组的CO_2排放量得到。具体的计算公式如下：

$$I_{c,i} = b_{f,i} \times \beta \qquad \text{公式（2）}$$

$$E_c = \sum_{i=1}^{6} I_{c,i} \times Q_{c,i} \qquad \text{公式（3）}$$

在公式2和公式3中，$I_{c,i}$表示容量等级为i的所有机组的二氧化碳排放量；$b_{f,i}$表示容量等级为i的机组的发电煤耗（克/千瓦时）；β表示CO_2排放系数，一般取2.77；E_c表示单个电厂的CO_2排放量（亿吨）。

（3）计算电厂GPS基准值。在确定了电厂基准年CO_2排放量和电厂基准年发电量后，可以计算得到该电厂基准年的GPS平均值，其计算公式如下：

$$GPS_{基准} = \frac{Q_C}{E_C} \qquad \text{公式（4）}$$

（4）预测目标控制年的电厂发电量。根据国家经济发展水平，结合已经发布的相关规划报告，预测控制目标年的全国电厂发电量，其中需要将热电联产机组的供热量折算成发电量。

（5）预测目标控制年的 CO_2 排放量。根据我国确定的“十二五”末、“十三五”末的减排目标，结合未来 GDP 增长情况，预测控制目标年的 CO_2 允许排放量。

（6）计算目标控制年的 GPS 基准值。在确定了目标控制年的 CO_2 排放量和发电量后，就可得到目标控制年的 GPS 基准值。目标控制年的 GPS 基准值计算公式如下：

$$GPS_{目标} = \frac{\overline{Q_C}}{\overline{E_C}} \qquad 公式（5）$$

公式 5 中，$GPS_{目标}$表示目标控制年的全国火电机组平均排放绩效（g/千瓦时）；$\overline{Q_C}$表示目标控制年的 CO_2 允许排放量预测值（亿吨）；$\overline{E_C}$表示目标控制年的全国火电机组年发电量（万千瓦时）。

（7）分配碳排放配额。根据单个电厂的目标控制年的发电量和全国目标控制年的 GPS 基准值，可计算出每个电厂在目标控制年允许的碳排放量（排放配额），其计算公式为：

$$Q'_C = GPS_{目标} \times E'_C \qquad 公式（6）$$

其中，公式 6 中 Q'_C表示每个电厂在目标控制年的二氧化碳排放配额（亿吨）；$GPS_{目标}$表示目标控制年的全国火电机组平均排放绩效（g/千瓦时）；E'_C表示每个电厂在目标控制年的发电量（万千瓦时）。

排放绩效的标准操作性是比较强的，它不考虑燃料的使用、电厂的建设年限和建设地点，对单位电力产出的排放量提出要求，可以避免以燃料消费为依据的计算方法所带来的种种弊端。当然该标准在运用时也应考虑允许一些特殊的情况存在，对某些特殊企业可适当放宽。

（二）工业行业

在我国初期试点的工业行业建议采用免费的祖父分配法。由于交易体系涵盖的非金属矿物制品业、金属冶炼及压延加工业、纸及纸制品业这几个部门均是高耗能产业，上涨的电价和生产过程中的碳成本都会给产品价格带来较大的上涨压力。这时，若是在国内市场有尚未被纳入碳交易制度的替代产品，或是由于国际市场上同类产品的竞争很激烈，那么这些产业的碳成本就会较难转嫁，进而使一些生产企业陷入困境。同时，考虑到我国在碳排放交易方面的经验很缺乏[1]，需要给工业企业一个学习的时间和过程，所以以排放量为指标的祖父制会比较适宜。

在分配步骤上，可以采用由国家—部门—次部门—设施逐层分解的方法。[2]具体如图 6. 2 所示：

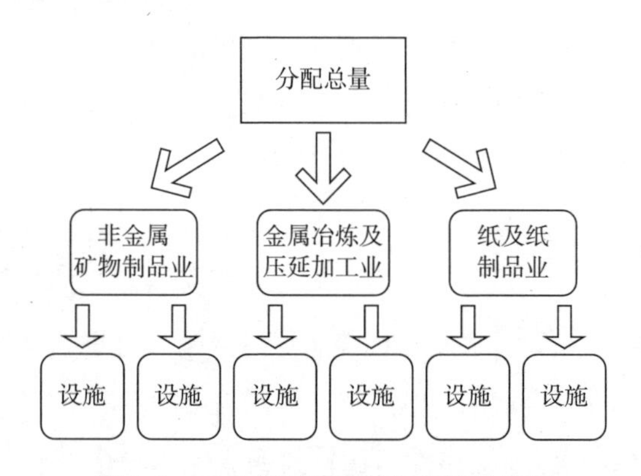

图 6. 2　工业部门碳排放权分配示意图

---

〔1〕 仅仅在嘉兴开展过 SO2 排放权交易试点，以及注册过一些联合国的 CDM 项目。

〔2〕 许纭蓉："整合产业先期减量绩效与排放权核配之研究"，台湾大学公共事务学院自然资源与环境管理研究所 2009 年学位论文。

（1）在部门层面分配时，首先可以按照“照常生产”的标准推算部门未来的排放量，再扣除部门的责任气体减排量，获得该部门的分配总量。用公式可以表述为：

$$Q_i = \sum (BAU_{次部门} - R_i) \qquad 公式（1）$$

公式 1 中，Q_i为 i 部门分得的碳排放权量，$BAU_{次部门}$指的是照常生产情况下次部门排放量，R_i指的是国家规划所要求的部门责任减排量。

（2）在次部门层面分配时，分配基础（Allocation Base，AB）是历史排放量，也即基准年（2003～2007 年）的平均排放量。除了考虑分配基础这一主要因素之外，还可以结合产业成长（Growth Factor，GF）与产业遵行（Compliance Factor，CF）、减排潜力（Potential Factor，PF）因子来计算次部门分配量。[1]成长因子是指为了避免产业经济的发展受到环境政策的限制，而考虑该产业（或厂商）未来产值增长所需要的提升率；遵行因子是指为达到排放权分配量与总管制量相等的调整因子；潜力因子则侧重于考察产业的减排潜力方面，可以参考生产过程排放量、燃烧排放量、是否遵行最佳技术标准、汽电共生技术、废热利用情况来确定。次部门免费分配量的计算公式如下：

$$CF_{第i次部门} = Q_{第i部门} / \sum_i (AB_{第i次部门} \times GF_{第i次部门} \times PF_{第i次部门}) \qquad 公式（2）$$

$$Q_{第i次部门} = AB_{第i次部门} \times GF_{第i次部门} \times PF_{第i次部门} \times CF_{第i次部门} \qquad 公式（3）$$

〔1〕欧盟的一些国家就是通过这四项因素来确定次部门分配量的。

在次部门分配中，首先要按照公式2计算出各次部门遵行因子后，再按照公式3计算出各次部门的分配量。欧盟的经验是，工业次部门的成长、潜力及遵行因子普遍高于能源次部门的潜力与遵行因子。工业次部门中钢铁业获得的分配量最多；能源次部门中矿物油业的获得的分配量最多。

（3）最后，是设施层次的分配。这可以参照次部门的分配方法，结合分配基础（AB）、减排潜力（PF）和产业遵行（CF）三个因子来分配。具体设施免费分配量的计算公式如下：

$$CF_{\text{第}a\text{设施}} = Q_{\text{第}i\text{次部门}} / \sum_{i} (AB_{\text{第}a\text{设施}} \times PF_{\text{第}a\text{设施}}) \quad \text{公式（4）}$$

$$Q_{\text{第}a\text{设施}} = AB_{\text{第}a\text{设施}} \times PF_{\text{第}a\text{设施}} \times CF_{\text{第}a\text{设施}} \quad \text{公式（5）}$$

在设施分配量的分配时，首先要确定要按照公式4确定特定设施（如a设施）的遵行因子，然后再根据公式5通过设施的排放基础、减排因子与遵行因子来共同确定该设施的分配量。

三、特殊情况下的分配：新设厂与停业

（一）新设厂商

若是我国将基准年设在2003～2007年间，同时又主要采用溯往制（以产出或排放量为指标）来进行分配，就会产生一个问题：如何对待市场中的新设厂商？因为在2007年之后，我国各产业的新设厂是很多的，规模企业也不少，但是它们缺少历史排放数据，这就意味着按照一般规则它们生产所需的配额无从获得。这种情况会使得新设厂陷入困境。为了应对新设厂的情况，政策制定者将面临几种选择：①鼓励新设厂在公开市场上购买配额。②国家在碳分配时预留一部分分配额给新企业。这些预留的配额可以在随后分配给新厂

商或新增产能。但是这将会对既存厂商提出更高的减排要求；当预留的配额并不是恰好满足新设施要求时，就会造成预留配额的盈余或不足。③国家为了新企业到国内或国际公开市场上去购买配额。然后由国家将这些配额分配给新厂商或新增产能。但问题是这种设计较难预估成本，并可能会被认为是一种国家补贴。④国家不设置配额上限，按新企业的要求发放配额。这种设计较难控制减排效果。⑤给新厂发放配额的同时减少整个碳交易制度的配额量。这种设计会造成体系内的不确定性增加，同时有益于那些较晚进入的企业。

欧盟的经验是，大部分的会员国在其碳排放权分配计划中都有“新设厂保留”（New Entrants Reserver，NER）的内容，保留的配额均免费发放给新设厂商。这些配额的发放遵循的都是“申请在先”原则。当然，保留的份额每个成员国各有所不同。德国的新设厂保留份额德国为2.4%，法国为5.8%，爱尔兰为5%，意大利为4.12%，荷兰为6%，瑞典为12%。当这些保留份额被用尽时，个别国家（如波兰和意大利）还计划到公开市场上去为新设厂购买配额。具体来讲，最常用的方法是根据新设厂所处的行业或生产产品的一般排放率和预测生产水平来分配，这就涉及标杆法的使用。当然，成员国的情况各异，即便是为热力或电力这样的产品设定标杆都并非易事。所以，当难以使用标杆法时，一些成员国就会采用“最佳可行技术法”（Best Available Technology，BAT）来分配。当然，欧盟的方法也会遇到问题：预测的生产量是分配的一个重要指标，这会鼓励新设厂商夸大它们未来的产量，扭曲厂商的投资决定。

是否该免费将配额发放给新设厂商是一个两难抉择。支持“新进入者”应该免费获得配额的理由之一，便是在既存厂商已经免费获得配额的情况下，不应加重新企业的生产成本而使它们打退堂鼓。如果新企业的进入遇到障碍，技术的发展将会受到阻碍，这将是政策制定者所不愿看到的情况。因为开发新技术和改进生产方法常常被认为是一种有效的减排手段。同样，企业新增产能的决定也不该因为碳成本的增加而被迫终止。认为不应当将配额免费分配给新企业的理由是若是新设厂能够免费获得配额的话，投资者的决策将受影响，免费得到的配额会被视为投资报酬的一部分。同时，该种做法把新设施和新增产能区别对待将会造成一定问题：新厂的配额可以免费得到，而新增产能的排放量却需要额外付费，将诱使企业产生欺骗的动机，把产能的增加上报为新厂的设立，以获得免费的配额。

经济学家们指出，是否将配额免费分配给新企业决定着谁将是碳交易的获益者，其实在刺激投资和提高技术方面并不存在差异。他们认为对于企业来说，无论在哪种情况下，开发新技术的激励都是相同的。无论配额是免费发放或付费取得，生产企业降低碳排放都将获益良多：它们可以将多余的配额拿到市场上去出售或是因为技术的改进而不再需要购进新的配额。另一方面，既有企业在原来碳交易不存在的情况下有一些高排放的技术投资难以收回，即存在“搁置成本”，而新企业不存在这些负担。既有企业存在搁置成本难以获得补偿；新企业轻装上阵为碳排放权支付一定的对价也未尝不可。

对于我国来讲，在碳交易制度实施之初，将配额免费分配给新设厂商还是会利大于弊。[1]我国还是发展中国家，保持经济增长、培育产业的国际竞争力将是短期内的重要目标。碳交易制度的实施肯定会带动我国电力等能源价格的上涨，国内生产成本将提高。如果在我国新设厂商又还需要支付额外的经费来购买碳排放权，将会大大降低投资人的热情。此外，在碳交易市场的初期政府也很难保证碳排放权有足够的流动性，到时新进入厂商是否能在公开市场获得足够的配额也将成为一个问题。所以我国在制度实施的第一阶段不妨参照欧盟经验，由国家保留一定数量的配额（如5%）用以满足新设厂的生产需要，按照“申请在先”的原则进行免费分配。

（二）停业厂商

如果排放设施永久停产、暂停生产活动或是大幅度降低生产量，它在生产过程中将不再需要原来所获得的那么多配额，这时如何处理多余的配额？这被称为“停业者问题”。该问题看似是生产厂商面临的问题，实际上却和政府的态度密切相关。按照一般财产权的理解，如果生产厂商淘汰落后产能、停止旧设施的生产（这恰恰表明了环境政策的有效性），那么它就可以运用这些多余的配额去公开市场出售以获利。这正好可以体现碳交易政策的市场激励效果。可令人费解的是，大部分国家的做法都是取消停业者的配额，使得它们失去再去市场出售获利的机会。

欧盟成员国目前针对停业者的处理方式主要有以下三种：①生产设施一旦停业则撤销碳排放配额，在下一阶段的配额分配中也将丧失资格，芬兰和西班牙采用的就是这种做法。②停业设施的排放

〔1〕 王毅刚：“中国碳排放交易体系设计研究”，中国社会科学研究院2010年博士学位论文。

配额可以转移给新设厂商使用，该做法以德国为代表。德国的“停业规则”如下：停业者指的是年排放量低于其年平均排放量10%的生产设施，其碳排放权在下一年度将被取消。被取消的碳排放权将会由政府发放给新设厂商。如果拥有关停设施的厂商于3个月内在德国境内再次投资设立新的生产设施，则原停产设施的配额可以转交给新设厂商使用。“3个月”的期限在特定条件下还可以延长至2年。类似的“转交规则”在意大利、澳大利亚和波兰也同样存在。③设施停业可以继续拥有排放配额。荷兰与瑞典规定在设施停业后仍可持有配额直到下一个交易阶段开始：例如一个生产设施在2009年停产，则该设施可持有配额直至2012年。由此可以看出停业厂商即便可以继续持有配额也是有条件的，是在一定年限之内的。所以总体上看，上述三种对待停业者的方法并没有本质的区别，总体上欧盟各国都倾向于收回原来发放给停业厂商的碳排放权。

但是，按照法学家和经济学家的观点，收回停业设施的碳排放权的做法未必妥当。首先，碳交易制度是为法律规章所人为创设的，碳排放权是厂商被法律所赋予的一项权利。法律上的权利应该具有确定性，如果可以被当局者在一定情况下予以撤销，那么碳排放权就会在很大程度上失去它对投资人的吸引力，公众也会失去对碳交易市场的信心。碳交易制度本来就是通过参与人之间的交易机制来达到社会成本最小化目的的，取消停业设施碳排放权的做法使厂商淘汰产能、利用所剩配额获利的希望落空，是政府对市场的不当干预。其次，取消停业者的碳排放权的做法无助于交易制度效率的提升。经济学家们普遍认为取消碳排放权将会改变生产厂商的成本曲线，影响他们投资新能源、淘汰旧产能的决策，使得私人决策和社会整体利益相左。特别是，当新设厂商必须从市场上有偿获得配额或设施的配额是从公开市场上拍卖所得的话，那么政府无偿收回配额的做法就显得更加不合时宜：厂商作出是否关停生产设施的决定时还要考虑在碳排放权方面的损失，有的厂商就会被迫选择继续采用落后设施进行生产以保留原来所获得的碳排放权。这和整个气候政策的宗旨是相违背的。

我国在碳排放权分配过程中，不妨采纳学界的建议，保留停业者的碳排放权。一般来讲，生产厂商会按照利润最大化原则去安排设施的生产，碳成本本来只是它们生产成本当中很小的一部分。厂商、设施的生产也会按照市场规律不断地调整，停业或暂时的歇业都是设施产出变化的一种形式而已。我们应该尊重作为一项法律权利的碳排放权，保证停业者能够继续持有、自由处分碳排放权，无论它们是准备将这些配额用于新厂的投资或是拿到公开市场上去出售。

四、建立合理分配碳排放权的配套措施

（一）用立法的形式保障分配管理的制度化

构建我国碳排放权分配制度，保障碳排放权市场的流动性，首要的问题是先建立专门的温室气体排放管理机构来负责碳排放权的分配、监督和管理工作。实践证明，当存在对资源总量管制的强势政策或立法，市场交易被视为缓解应对限额而调整的一种手段时，有效的市场机制会更容易实现。对交易权的抵制会随着关于分配问

题（如限额）争论的化解而得到降低。[1]目前，我国清洁发展机制下的碳排放权交易由发改委进行监督管理，考虑到未来建立全国范围的碳交易体系，必须设立一个独立的行政主管部门负责科学确定环境容量以及碳排放权的初始分配、申报登记以及对全国碳排放权进行统一监管等工作。而且还要在各省级行政区域设立相关机构，依据法律规定及主管部门的授权，对辖区内的碳排放权进行分配和管理。除此之外，还要加大分配的监管力度，努力防止由于免费分配所带来的零成本套利现象的出现以及企业为获得较多的配额对政府部门进行寻租行为所导致的分配不公现象的发生。

碳排放权的分配和管理必须要有专门的法律予以保障。尽管我国目前出台了《清洁发展机制项目运行管理办法》，但是并未对国内碳排放权分配和管理作出规定，同时由于仅是部门规章，效力等级低，实际的执行中还是有很多亟待完善的地方。我国可以结合碳交易第一阶段的经验循序渐进地进行完善，但是最终应该将碳排放权的分配、交易和管理上升为法律的形式。

（二）完善碳排放监测技术保证配额分配管理的科学性

碳排放权合理分配的前提是要有能科学计算污染源排放量的技术作为保障。我国《十二五控制温室气体排放工作方案》已经明确提出要求：要求制定地方温室气体排放清单编制指南，规范清单编制方法和数据来源。研究制定重点行业、企业温室气体排放核算指南。建立温室气体排放数据信息系统。定期编制国家和省级温室气体排放清单。加强对温室气体排放核算工作的指导，做好年度核算

---

〔1〕 Colby Bonnie G.，"Cap-and-trade Policy Challenges: Tale of Three Market"，*Land Economics*，2000，76（4），pp. 638～658.

工作。加强温室气体计量工作，做好排放因子测算和数据质量监测，确保数据真实准确。构建国家、地方、企业三级温室气体排放基础统计和核算工作体系，加强能力建设，建立负责温室气体排放统计核算的专职工作队伍和基础统计队伍。实行重点企业直接报送能源和温室气体排放数据制度。

（三）重视中介组织的作用保证碳排放权分配的合理性

这里的中介组织可以指的是认证“碳足迹”的第三方机构，可以是某一产业的行业协会，还有可能是熟悉碳交易的咨询机构。在进行碳排放认定时，面对复杂的产品和生产流程，要做出解释和说明是很困难的。祖父制实施时“历史碳排放量”的统计、标杆制实施时“行业中效率最高的10%的装置”的确定都需要管理部门和企业的充分协商，第三方中介组织的存在可以起到非常必要的沟通作用。欧盟委员会为了保证标杆的有效性和科学性，在制定过程中召开了无数次的听证会和咨询会，同时聘请顾问和专家来参与整个标杆的制定过程。我国政府也必须充分重视中介组织的作用，培育诚信的第三方认证和咨询机构，促进碳排放权分配过程的公开透明。

（四）注意配额分配管理的国际化

欧美等工业化国家对这些配额的分配和管理制度的经验远比我们丰富和成熟得多。事实上，我国碳排放权分配与交易制度很大程度上是在西方国家的舆论压力和主导下建立起来的。尽管碳交易制度以减少温室气体排放为主要目标，但是各国在制定配额分配制度时都规定了严格的竞争力保护条款，以防止本国工业受到不当冲击。这些贸易保护条款很多针对的目标国就是我国。正因如此，我国在制定碳排放权分配制度时就愈加要保持清醒的头脑，一方面要制定相关制度来保证我国产业竞争力不至于受到碳成本的过大影响，另一方面要建立与国际接轨的碳排放权分配制度，使我国的碳排放权交易制度能够和国际接轨，避免卷入到“以碳为名”的贸易争端中去。

参考文献

[1] Houser T., "Leveling the Carbon Playing Field: International Competition and US Climate Policy Design", *Peterson Institute for International Economics*, Washington, DC, 2008.

[2] Abrell J., Faye A. N., Zachmann G., "Assessing the Impact of the EU ETS Using Firm Level Data", Working Papers of BETA 2011 – 15, Bureau d'Économie Théorique et Appliquée, UDS, Strasbourg.

[3] Sato M., Grubb M., Cust J., Chan K., Korppoo A., Ceppi P., "Differentiation and Dynamics of Competitiveness Impacts from the EU ETS", Cambridge Working Papers in Economics 0712, Faculty of Economics, University of Cambridge, 2007.

[4] Dröge S., "Tackling Carbon Leakage Sector-specific Solutions for a World of Unequal Carbon Prices", *Climate Strategies*, United Kingdom, 2009.

[5] David Victor, Danny Cullenward, "Making Carbon Markets Work", *Scientific American Magazine*, 2007, 297 (6): 70 ~ 77.

[6] McKinsey and ECOFYS, "EU ETS Review: Report on International Competitiveness", Prepared for the European Commission, 2006.

［7］Neuhoff K.，Martinez K.，Sato M.，“Allocation，Incentives and Distortions：the Impact of EU ETS Emissions Allowance Allocations to the Electricity Sector”，*Climate Policy*，2006，6（1）：73～91.

［8］Reinaud，J.，“Issues behind Competitiveness and Carbon Leakage-Focus on Heavy Industry”，IEA Information Paper，International Energy Agency（IEA），Head of Communication and Information Office，France，2008，10：122.

［9］朱启荣：“中国出口贸易中的 CO_2 排放问题研究”，载《中国工业经济》2010 年第 1 期。

［10］杨骞、刘华军：“中国碳强度分布的地区差异与收敛性——基于 1995～2009 年省际数据的实证研究”，载《当代财经》2012 年第 2 期。

［11］杨继：“碳排放交易的经济学分析及应对思路”，载《当代财经》2010 年第 10 期。

［12］王信、袁方：“碳排放权交易中的排放权分配和价格管理”，载《金融发展评论》2010 年第 11 期。

［13］李泉宝：“基于欧盟 ETS 借鉴的中国碳排放权分配机制探索”，载《海峡科学》2011 年第 6 期。

［14］邓海峰：《排污权：一种基于私法语境下的解读》，北京大学出版社 2008 年版。

［15］王曦编：《国际环境法资料选编》，民主与建设出版社 1999 年版。

［16］王小龙：《排污权交易研究——一个环境法学的视角》，法律出版社 2008 年版。

［17］樊纲主编：《走向低碳发展：中国与世界》，中国经济出版社 2010 年版。

［18］侯伟丽、刘传江主编：《环境经济学》，武汉大学出版社 2006 年版。

［19］廖卫东：《生态领域产权市场的制度研究》，经济管理出版社 2004 年版。

［20］张维迎：《博弈论与信息经济学》，上海人民出版社 2004 年版。

［21］［美］汤姆·惕藤伯格：《环境经济学与政策》，朱启贵译，上海财经大学出版社 2003 年版。

［22］［美］戴斯·贾丁斯：《环境伦理学》，林官明、杨爱民译，北京大学出版社 2002 年版。

［23］［英］朱迪·丽丝：《自然资源：分配、经济学与政策》，蔡运龙译，商务印书馆 2002 年版。

［24］［美］尼克·达拉斯：《低碳经济的 24 堂课》，王瑶译，电子工业出版社 2010 年版。

［25］［美］科尔：《污染与财产权》，严厚福、王社坤译，北京大学出版社 2009 年版。

后 记

行文至此，心中有些许遗憾，但更充满了感激。遗憾的是，我感觉到这篇脱胎毕业论文的书稿还有一些待完善之处。囿于时间、精力，书中的一些数据仍然停留在撰写论文的时期，并没有得到及时更新；对于这些年我国国内碳排放权交易区域试点的情况也缺乏进一步的分析。我相信这些不足之处将是我今后研究的起点，而心中的遗憾也将鞭策我继续前行。

在本书的写作过程中，我得到了众多领导老师、同学家人、同事学生的关心和帮助，我的心中充满了感激。我特别要感谢我的导师廖进球教授，他在百忙的工作期间仍然关心着学生们的生活学习。除了提供方法论的指导外，导师还不厌其烦地帮助我修订表述不当之处，这份师恩将永记心中。我还要感谢在博士期间给我们授课的史忠良教授、陈富良教授和陶长琪教授，他们从严治学的风范是我学习的榜样。

我真挚地感谢江西师范大学政法学院的领导、同事和同学们。学院沈桥林院长从我2006年工作之初就一直鼓励我进步，熊时升书记给予了我很多开阔视野的机会。在本书最后的排版和校订过程中，我还得到了江西师范大学法学系学生们的帮助，他们是汪茹薇、汪洁躲、王柏川、谢文熠、黄文琪、赵旭和周伟健，感谢你们！

感谢本书的编辑艾文婷女士，本书的出版离不开她耐心和细致的工作。

最后，将我最深沉的爱献给我的家人！

姜晓川

2018 年 3 月

图书在版编目（CIP）数据

我国碳排放权初始分配制度研究/姜晓川著. —北京:中国政法大学出版社，2018.4
ISBN 978-7-5620-8244-6

Ⅰ.①我…　Ⅱ.①姜…　Ⅲ.①二氧化碳－排污交易－分配制度－研究－中国　Ⅳ.①X511

中国版本图书馆CIP数据核字(2018)第086906号

书　名　我国碳排放权初始分配制度研究 WOGUO TAN PAIFANGQUAN CHUSHI FENPEI ZHIDU YANJIU
出版者　中国政法大学出版社
地　址　北京市海淀区西土城路 25 号
邮　箱　fadapress@163.com
网　址　http://www.cuplpress.com（网络实名：中国政法大学出版社）
电　话　010-58908435(第一编辑部)　58908334(邮购部)
承　印　固安华明印业有限公司
开　本　880mm×1230mm　1/32
印　张　6.25
字　数　140 千字
版　次　2018 年 4 月第 1 版
印　次　2018 年 4 月第 1 次印刷
定　价　36.00 元